H. A. ROTH

Untersuchungen

über die Beziehungen zwischen den von der Bodenschätzung erfaßten natürlichen Ertragsbedingungen und den Ernteerträgen des Ackerlandes

WISSENSCHAFTLICHE ABHANDLUNGEN

NR. 19

Untersuchungen über die Beziehungen zwischen den von der Bodenschätzung erfaßten natürlichen Ertragsbedingungen und den Ernteerträgen des Ackerlandes

von

H. A. ROTH

1956

DEUTSCHE AKADEMIE
DER LANDWIRTSCHAFTSWISSENSCHAFTEN ZU BERLIN

AKADEMIE-VERLAG · BERLIN

Anschrift des Verfassers: Prof. Dr. H. A. Roth, Jena, Reichardtstieg 2

1956

Herausgegeben von der Deutschen Akademie der Landwirtschaftswissenschaften zu Berlin
Vorgelegt von dem Ordentlichen Mitglied Prof. Dr. KURT VIEWEG und Herrn RUDOLF MATZ
Erschienen im Akademie-Verlag GmbH., Berlin W 8, Mohrenstraße 39. Lizenz-Nr. 202 · 100/547/55
Satz und Druck: Buchdruckerei F. Mitzlaff KG., Rudolstadt/Thür. (944)
Bestell- u. Verlagsnummer: 2068/55/19
Printed in Germany

INHALT

I. Einführung

Bei noch so bescheidenen Versuchen, exakte Angaben über die Höhe der Ernteerträge zu erhalten, wird man immer wieder die Erfahrung machen, daß die Antworten selbst von buchführenden landwirtschaftlichen Betrieben nur zögernd erteilt werden. Das liegt nicht etwa allein daran, daß allgemein ungern Auskunft über die Höhe der Ernteerträge gegeben wird, sondern vor allen Dingen spricht hier die Erfahrung mit, daß die Höhe der Ernten infolge des Witterungsverlaufes von Jahr zu Jahr beträchtlich schwankt. Zudem bringen die einzelnen Ackerstücke je nach ihrer Bodenbeschaffenheit auch unterschiedliche Ernteerträge, ganz abgesehen davon, daß Vorfrucht, Fruchtfolge, Düngung, Stand der Mechanisierung, Saatgut und andere Fragen der Landbautechnik von bedeutendem und ständig wechselndem Einfluß sind. Diese Schwierigkeiten wachsen, wenn man die Ernteerträge ganzer Gemeinden oder noch größerer Gebiete feststellen will; sie erweisen sich als recht erheblich, wenn die Ernteerträge einzelner Kulturpflanzen zu ermitteln sind, sie scheinen kaum überwindlich zu werden, wenn die gesamte pflanzliche Erzeugung erfaßt werden soll.
Trotz tausender Jahr für Jahr angelegter Feldversuche ist es bisher nicht gelungen, über eine der Hauptfragen der landwirtschaftlichen Produktion, über den Einfluß der natürlichen Ertragsfaktoren auf die Ernten gesicherte Ergebnisse zu gewinnen. Vielmehr haben sich die kurz angedeuteten Schwierigkeiten bei jedem Versuch ökonomischer Auswertung der Feldversuche aufs neue ergeben. Es hat beinahe den Anschein, als ob es unmöglich sei, diese Beziehungen zu klären, obwohl das landwirtschaftliche Versuchswesen zahlreiche Einzelfragen, wie den Einfluß der Düngung, die Bedeutung der verschiedenen Sorten oder den Einfluß fortschreitender Vertiefung der Pflugfurche u. a. mit großem Erfolg gerade im Hinblick auf die Höhe der Ernteerträge untersucht hat. Will man aber dem Problem nachgehen, weshalb und worin sich die Ernteerträge von Kreisen oder Gemeinden mit stark unterschiedlichen natürlichen Ertragsbedingungen in Wirklichkeit unterscheiden, so zeigt sich, daß eigentlich nur zwei Hebel vorhanden sind, die angesetzt werden können. Der eine ist die Erntestatistik, die bisher wenigstens in erster Linie nur ernährungswirtschaftlichen Fragen diente und die für Fragen der Organisation der pflanzlichen Produktion selbst nur wenig ausgewertet worden ist; der andere Hebel ergibt sich aus der Gliederung der Nutzflächen nach ihrer Bodenart, nach ihrer geologischen Herkunft und nach ihrem Zustand, schließlich nach ihrer Wertigkeit. Solche Bonitierungssysteme sind, soweit sie sich über ganze Staatsgebiete erstrecken, in der Vergangenheit regelmäßig entstanden, um die Durchführung einer gleichmäßigen Besteuerung der Land-

wirtschaft zu sichern; sie haben aber stets auch gewisse Anhaltspunkte über die Ertragsfähigkeit der Böden abgegeben und so zur Lösung agrarökonomischer Fragen beigetragen.

Für Deutschland stehen die Ergebnisse der amtlichen Erntestatistik und der Bodenschätzung zur Verfügung. Bejaht man die Frage, daß es notwendig ist, über die Bedeutung der natürlichen Ertragsbedingungen für die Höhe der pflanzlichen Produktion quantitativ gesicherte Unterlagen zu gewinnen, so muß der Versuch gemacht werden, diese Ergebnisse zueinander in Beziehung zu setzen. Dabei ist von vornherein zu berücksichtigen, daß nur Schätzungsergebnisse zu Schätzungsergebnissen in Beziehung gesetzt werden können, da es wenigstens vorläufig noch an vollständig gesicherten Unterlagen über die nachhaltigen und durchschnittlichen Ernteerträge fehlt, die im übrigen selbstverständlich nicht stabil sind, sondern sich in einer ständigen Entwicklung befinden, die dazu für die verschiedenen Kulturpflanzen noch nicht einmal gleichmäßig verläuft.

So kann man nur erwarten, gewisse Tendenzen zu finden und einige grundsätzliche Fragen zu klären. Die endgültigen quantitativen Zusammenhänge entziehen sich so lange einer auch nur einigermaßen abschließenden Behandlung, bis wenigstens einer der beteiligten Faktoren gesichert festgelegt werden kann.

Von der landwirtschaftlichen Nutzfläche der Deutschen Demokratischen Republik entfallen etwa 80% auf das Ackerland und etwa 20% auf das Dauergrünland. Berücksichtigt man weiter, daß die Feststellung der Ernteerträge beim Grünland ungleich schwieriger ist als bei den wesentlichsten Fruchtarten des Ackerlandes und daß daher beim Grünland mehr Schätzungsfehler zu erwarten sind als bei den Ernten des Ackerlandes, so mußte die Untersuchung der Ertragsrelationen der Ackerflächen in den Vordergrund rücken. Eine so beschränkte Untersuchung muß freilich auf die Klärung wichtiger betriebswirtschaftlicher Zusammenhänge verzichten; zunächst gilt es jedoch, die Methode und einige grundsätzliche Fragen zu klären, denn die allgemeine Bedeutung der natürlichen Ertragsfaktoren für die pflanzliche Produktion greift so tief in das betriebswirtschaftliche Gefüge der Landwirtschaft hinein, daß so unterschiedliche Produktionsgrundlagen wie Acker und Grünland nicht gemeinsam behandelt werden können.

II. Unterlagen der Bodenschätzung

Nach dem Gesetz über die Schätzung des Kulturbodens vom 16. Oktober 1934 umfaßt die Bodenschätzung

1. eine genaue Kennzeichnung des Bodens nach seiner Beschaffenheit; diese Bestandsaufnahme wird kartenmäßig festgehalten;
2. eine Feststellung der Ertragsfähigkeit, bei der lediglich die Ertragsunterschiede berücksichtigt werden, die auf natürlichen Ertragsbedingungen (insbesondere Bodenbeschaffenheit, Geländegestaltung und klimatische Verhältnisse) beruhen.

Zur Sicherung der Gleichmäßigkeit der Bodenschätzung wurden im gesamten deutschen Staatsgebiet von einer zentralen Sachverständigenkommission[1]) ausgewählte Bodenflächen als Musterstücke geschätzt. Dieses Netz von Musterstücken umfaßt die Hauptstützpunkte der Bodenschätzung. Für die praktische Arbeit wurde in den Durchführungsbestimmungen festgelegt, daß für Ackerland und Grünland getrennte Schätzungsrahmen aufzustellen seien. Der Schätzungsrahmen für Ackerland sieht neun Bodenartengruppen entsprechend den Bodengemengteilen vor. Er beginnt mit der Bodenart Sand, durchläuft bei wachsendem Gehalt an abschlämmbaren Bestandteilen alle Wertstufen bis zur höchsten, dem Lehm, um dann, mit weiterer Zunahme an abschlämmbaren Bestandteilen im Boden, wertmäßig wieder zu sinken und mit der Gruppe der Tonböden zu enden. Die Moor- oder Humusböden fallen aus der Gruppierung der Mineralböden heraus. Weiterhin unterteilt der Ackerschätzungsrahmen die Bodenarten nach ihrer Entstehung. Es wurden fünf Gruppen gebildet und Alluvial-, Diluvial-, Löß- und bessere sowie steinige Verwitterungsböden unterschieden.

Alle acht in sich wieder nach ihrer Entstehung gegliederten Bodenartengruppen wurden weiterhin in Zustandsstufen unterteilt. Sie kennzeichnen nach Herzog[2]) die Bodeneigenschaften, die in der Hauptsache durch langdauernde Einwirkungen, Klima, früheren Pflanzenbestand, Geländeform, Grundwasser, Nutzungsweise oder auch durch die Gesteinsart bedingt sind. Rothkegel[3]) dagegen faßt den Begriff der Zustandsstufe noch weiter. Danach ist die Zustandsstufe ein Ausdruck für die Gesamtbeschaffenheit und Eignung des Bodens als Standort für landwirtschaftliche Gewächse, soweit beides nicht schon aus der Kennzeichnung der Böden nach Bodenart und

---

[1]) Reichsschätzungsbeirat gemäß § 5 des Bodenschätzungsgesetzes.

[2]) Herzog: Grundlagen und Methodik der landwirtschaftlichen Einheitsbewertung. In: Handbuch der Landwirtschaft, Bd. V. Berlin 1954.

[3]) Rothkegel: Landwirtschaftliche Schätzungslehre. Stuttgart 1952.

Entstehung (geologische Herkunft) hervorgeht. In diesem erweiterten Sinn sei die Zustandsstufe also keine rein wissenschaftliche, sondern eine ausgesprochen praktische Bezeichnung.

Diese zusammenfassenden Formulierungen über den Begriff der Zustandsstufen in dem Schätzungsrahmen der Bodenschätzung sind erst etwa 18 bis 20 Jahre nach Erlaß des Gesetzes bekanntgegeben worden. Der amtliche Kommentar[1]) des Jahres 1935 schließt sich verhältnismäßig eng einer Theorie[2]) an, die von Entwicklungs- und Alterungsstufen für jede Boden- und Bodenentstehungsart ausgeht. Im Ergebnis wurden gleichwertige Entwicklungs- und Alterungsstufen zu sieben nach der Leistungsfähigkeit des Bodens (beste = 1) gegliederten Zustandsstufen zusammengefaßt und verhältnismäßig eingehend beschrieben, manchem Kritiker der Bodenschätzung allerdings nicht ausführlich genug. Tatsächlich hat sich aber diese zwar eingehende, aber sicher nicht erschöpfende Beschreibung als ausreichend erwiesen, da für die praktische Durchführung der Bodenschätzung nicht etwa die theoretischen Grundsätze oder die Erläuterungen zum Ackerschätzungsrahmen, sondern die reale Wirklichkeit der in den Jahren 1935 bis 1939 bewerteten 9000 Musterstücke maßgebend war. So konnten Rothkegel und Herzog nach Beendigung dieser großen Arbeit rückblickend etwa sagen, daß es sich bei den Zustandsstufen um Kennzeichnungen handele, die ausgesprochen praktische Bedeutung besäßen und alles umfaßten, was nicht durch Bodenart oder Entstehungsart als gegeben anzusehen sei. In den Zustandsstufen kommt die sachverständige Beurteilung geologisch gegebener und nach ihren Gemengteilen bekannter Böden im Hinblick auf ihre Ertragsfähigkeit zum Ausdruck. Sie besitzen entscheidenden Einfluß auf die wertmäßigen Ergebnisse der Bodenschätzung.

Diese Einteilung der Böden entspricht dem Stand der Wissenschaft in der Mitte der dreißiger Jahre dieses Jahrhunderts. Sie versucht alle diejenigen Faktoren zusammenzufassen, die auf die ursprüngliche Fruchtbarkeit des Bodens von Einfluß sind. Für jede Bodenklasse, die in dem Kartenmaterial der Bodenschätzung abgegrenzt wird, konnte nach der Gliederung des Ackerschätzungsrahmens ein Klassenzeichen festgelegt werden, das Auskunft über Bodenart, Entstehung und Zustandsstufe gibt. Für jede Klasse, z. B. L 2 Lö, sieht der Ackerschätzungsrahmen eine Spanne von Wertzahlen vor. Aus ihr den richtigen Punkt zu wählen, ist wieder Aufgabe der Sachverständigen. Die Wertzahlen sind Verhältniszahlen. Sie sollen zum Ausdruck bringen, in welchem Verhältnis ein landwirtschaftlicher Betrieb, der lediglich Bodenflächen einer Klasse aufweist, nach seiner nachhaltigen Ertragsfähigkeit zu einem Betrieb mit den ertragsfähigsten Bodenflächen Deutschlands steht. Nach § 4 der Durchführungsbestimmungen zum Bodenschätzungsgesetz werden für jede Klassenfläche zwei Wertzahlen festgestellt. Die Bodenzahl, aus dem

[1]) Rothkegel-Herzog: Das Bodenschätzungsgesetz, Kommentar. Berlin 1935.

[2]) Wolff, v. Bülow und Görz: Neue bodenkundliche Gesichtspunkte bei der Kartierungstätigkeit der Preuß. geologischen Landesanstalt. Jahrbuch der Pr. Geol. L.A. 1933.

Ackerschätzungsrahmen unmittelbar abgeleitet, bringt die durch die Verschiedenheit der Bodenbeschaffenheit im Zusammenhang mit den Grundwasserverhältnissen bedingten Ertragsunterschiede zum Ausdruck, wobei für alle Flächen Einheitlichkeit der Geländegestaltung, der klimatischen Verhältnisse und der wirtschaftlichen Ertragsbedingungen unterstellt wird. Die Ackerzahl berücksichtigt durch Ab- und Zurechnungen zur Bodenzahl zusätzlich die Ertragsunterschiede, die auf Klima, Geländegestaltung und andere natürliche Ertragsfaktoren zurückzuführen sind. Während die Bodenzahlen des Ackerschätzungsrahmens nur einen Ausdruck der Ertragsunterschiede darstellen, soweit diese durch die Bodenbeschaffenheit in Verbindung mit den Grundwasserverhältnissen bedingt sind, so berücksichtigen die Ackerzahlen auch die jeweiligen Verhältnisse der Bodenausformung und das Klima des Standortes; daher ist den Ackerzahlen vorrangige Bedeutung beizumessen. Sie sind das reale Endergebnis der wertmäßigen Feststellung der Ertragsverhältnisse, zumal sie in ihrer entscheidenden Grundlage aus der Praxis der Sachverständigen der Bodenschätzung entstanden sind.

Nach den Erläuterungen zum Ackerschätzungsrahmen handelt es sich um Verhältniszahlen, die Unterschiede im Reinertrag zum Ausdruck bringen. Im Bodenschätzungsgesetz selbst ist nur vom Ertrag die Rede. Das läßt schon rein formal die Frage auftreten, ob primär Vorstellungen über Ernteerträge, Roherträge oder Reinerträge die Hauptrolle gespielt haben. Endziel waren aber, wie aus den Erläuterungen zum Ackerschätzungsrahmen hervorgeht, die Reinerträge, die bei gemeinüblicher und ordnungsgemäßer Bewirtschaftung (nachhaltig) erzielt werden können, nach der Formulierung von Rothkegel und Herzog und dem Kommentar von 1935[1]) Roherträge unter Berücksichtigung der Wirtschaftskosten. Es hat also so etwas den Anschein, als ob auch zur Frage Reinertrag, Ertrag oder gar Rohertrag, erst im Verlaufe der praktischen Arbeiten entsprechende Vorstellungen gebildet und eine endgültige Klärung gefunden werden konnten.

In der Auseinandersetzung über diese Frage haben sowohl Rothkegel wie auch Herzog immer wieder auf die Schwierigkeiten hingewiesen, die es bereite, Reinertragsberechnungen aufzustellen. Und zwar sei das Erfordernis, eine gewisse Mindestzahl von Betrieben über eine gewisse Mindestzahl von Jahren zu beobachten und nach einheitlichen Bodenklassen auszurichten, nur in seltenen Fällen zu erfüllen. So war bei der Aufstellung des Schätzungsrahmens eine Normalisierung der Buchführungsergebnisse erforderlich, um zu brauchbaren und vergleichbaren Ergebnissen zu kommen.

Zusammenfassend wird nach dem Bodenschätzungsgesetz für jede Klassenfläche des Ackerlandes aus Bodenart, Entstehungsart und Zustandsstufe hauptsächlich durch die praktische Arbeit der Sachverständigen die Bodenzahl gebildet. Aus der Bodenzahl wird durch Zu- und Abrechnungen für Klima und Geländegestaltung u. a. natürliche Ertragsfaktoren die Ackerzahl ent-

[1]) a. a. O., S. 17.

wickelt. Diese Ackerzahlen — für „Bodenzahlen" konnten natürlich nie auf realen Grundlagen beruhende Reinertragsberechnungen aufgestellt werden —, abgeleitet aus Typenberechnungen und Buchführungsergebnissen einiger Betriebe, sind Reinertragszahlen, die den wirtschaftlichen und gesellschaftlichen Verhältnissen des Jahres 1935 entsprechen. Die Kritik an dem Ackerschätzungsrahmen der Bodenschätzung bezieht sich auf mehrere Grundfragen:

1. Die Unterteilung der nach ihrer Entstehungsart und Herkunft bekannten Böden in Zustandsstufen wird beanstandet. PETERSEN[1]) hebt hervor, daß die gegebene Beschreibung unzureichend sei, die Vertreter der Bodentypenlehre stimmen mit der von WOLFF u. a. geschaffenen Systematik nicht überein. Schließlich hätten die Zustandsstufen keine Beziehung zu Reinerträgen, bestenfalls zu Roherträgen.
2. Die Trennung der Einflüsse von Boden und Klima sei unnatürlich und gekünstelt. Es seien eng begrenzte Schätzungsbezirke notwendig, um den Einfluß der natürlichen Ertragsfaktoren klar darzustellen.
3. Die Entwicklung der letzten 20 Jahre habe aufgezeigt, daß sich die wirtschaftlichen Verhältnisse seit 1935 wesentlich geändert haben. Infolgedessen sei das Verhältnis futterwüchsiger Böden zu getreideholden Böden oder das Verhältnis hackfruchtholder Böden zu schweren Tonböden ein anderes geworden.
4. Die technische Entwicklung der Landwirtschaft habe seit 1935 eine stürmische Weiterentwicklung erlebt, die besonders dem sogenannten leichten Boden zugute kam. Schon unter den Verhältnissen von 1935 seien einige Gebiete ertragsreicher leichter Böden im Verhältnis zu anderen Bodenarten zu niedrig eingestuft.
5. Endlich werden die Stimmen immer lauter, die darauf hinweisen, daß eine Rohertragsschätzung theoretisch und praktisch nicht nur sicherer, sondern vor allen Dingen auch von größerer betriebs- und volkswirtschaftlicher Bedeutung sei.

Dieser kurze Überblick ist zwar bis zu einem gewissen Grade Grundlage der nachfolgenden Untersuchungen, obwohl es zunächst nicht darauf ankommen kann, festzustellen, was besser oder anders hätte gemacht werden können. Vielmehr ergibt sich als vordringliche Aufgabe, zu ermitteln, was die Ergebnisse der Bodenschätzung in theoretischer und praktischer Hinsicht zu leisten vermögen.

Inzwischen ist auch im Gebiet der Deutschen Demokratischen Republik die Bodenschätzung im wesentlichen beendet worden. Allerdings wurde ein, wenn auch unverhältnismäßig kleiner Teil der Gemeinden durch Flurbegehungen nur grob geschätzt, trotzdem ist ein allgemeiner Überblick vorhanden. Nach Vorarbeiten im Finanzministerium und durch Weiterentwicklung im Institut

---

[1]) PETERSEN: Die landwirtschaftlichen Produktionszonen als Grundlage der Agrarplanung. Berlin 1953.

für Agrarökonomik der Deutschen Akademie der Landwirtschaftswissenschaften zu Berlin sind die Bodenschätzungsergebnisse so weit aufgearbeitet worden, daß für jede Gemeinde die durchschnittliche Bodenzahl und Ackerzahl, darüber hinaus aber auch die Haupteinteilung nach Bodenarten und die Unterteilung nach Zustandsstufen und Entstehungsarten vorliegt. Für die Überprüfung der Bedeutung der Bodenschätzung für die Landwirtschaft, abgesehen von der steuerlichen Seite, ist davon auszugehen, daß fast einstimmig anerkannt wird, daß die nunmehr beendigte Bestandsaufnahme des deutschen Bodens im Vordergrund stehen muß. Ähnlich wie durch die Arbeiten von MEITZEN[1]) eine grundlegende Übersicht über die landwirtschaftlichen Verhältnisse des ehemaligen Preußens mit Hilfe der durch die Grundsteuerbonitierung erarbeiteten Unterlagen geschaffen worden ist, sollte es möglich sein, mit Hilfe der Bodenschätzungsergebnisse über die Verteilung der Bodenarten unter Gliederung nach Entstehung und Zustandsstufe eine sichere qualitativ und quantitativ ausreichende Übersicht zu gewinnen. Diese Arbeiten sind von dem Institut für Agrarökonomik der Akademie so weit vorgetrieben, daß wir hoffen dürfen, in Kürze in den Besitz genauen und flächenmäßig scharf abgegrenzten Karten- und statistischen Materials über eben diese Bestandsaufnahme zu gelangen.

Diese Unterlagen werden nicht nur für viele Fragen der Agrarökonomik, sondern auch für Acker- und Pflanzenbau, für den Einsatz der Agrartechnik und viele andere Dinge von Bedeutung sein. Damit ist aber eine entscheidende Frage noch nicht geklärt, die sich bereits mehrfach aufgedrängt hat.

Es war zu bemerken, daß der Gesetzgeber zunächst nicht von Reinerträgen, sondern stets nur von Verhältniszahlen der Böden, abgestuft nach ihren Erträgen, gesprochen hat. Wenn für die entscheidenden Zustandsstufen beim Überblick über die vollendete Arbeit ein anderer begrifflicher Inhalt gefunden worden ist als ursprünglich, und wenn schließlich besonders eindringlich von PETERSEN[2]) und RÜBENSAM[3]) gefordert worden ist, die Reinertragsbonitierung durch eine Rohertragsbonitierung zu ersetzen, so muß die Frage vordringlich sein, wie sich denn nun in Wirklichkeit die Ergebnisse der Bodenschätzung zu den Roherträgen verhalten.

Klassen und Wertzahlen sind jeweils eine besondere Ausdrucksform für die Einflüsse aller natürlichen Ertragsfaktoren, dagegen sind die wirtschaftlichen Ertragsfaktoren ausgeschaltet. Die gesonderte Erfassung der natürlichen Ertragsfaktoren kann zunächst nur Einfluß auf die pflanzliche Produktion besitzen, ihren realen Ausdruck finden aber die Ergebnisse der pflanzlichen Produktion wieder zunächst in den Ernteerträgen. Es ist also daher als erste Aufgabe zu untersuchen, ob Beziehungen zwischen Klassen und Wertzahlen

---

[1]) MEITZEN: Der Boden und die landwirtschaftlichen Verhältnisse des preußischen Staates. Berlin 1869.

[2]) PETERSEN: Die neue Rostocker Grünlandschätzung. Berlin 1952.

[3]) RÜBENSAM: Landwirtschaftliche Produktionsplanung auf der Grundlage einer Rohertragsbonitierung (Sonderdruck), 1953.

der Bodenschätzung und den Ernten an landwirtschaftlichen Erzeugnissen vorhanden sind. Leider hat das landwirtschaftliche Versuchswesen bis jetzt die Ergebnisse der Bodenschätzung bei der Versuchsauswertung nur in seltenen Fällen berücksichtigt, so daß dieses Unterlagenmaterial zunächst nicht ohne weiteres verwendet werden kann. Ernteerträge einzelner Betriebe zu verwenden, bereitet Schwierigkeiten, da drei Forderungen erfüllt sein müssen.

1. Für alle Betriebe müßte die durchschnittliche Ackerzahl bekannt sein.
2. Die Ernteergebnisse müßten von einer genügenden Anzahl von Jahren vorliegen.
3. Die Zahl der Betriebe müßte groß genug sein, um den Einfluß der individuellen Bewirtschaftung, der Betriebsgröße und anderer wirtschaftlicher Faktoren auszuschalten.

Infolgedessen ist wohl auf das einzige Unterlagenmaterial zurückzugreifen, von dem bekannt ist, daß es nach einheitlichen Grundsätzen und für geschlossene große Gebiete festgestellt worden ist: die amtliche Erntestatistik. Allgemein zugänglich liegen die Ergebnisse aller Landkreise vor, und es dürfte zweckmäßig sein, gerade diejenigen Jahre heranzuziehen, in denen der Ackerschätzungsrahmen ausgearbeitet und in die Praxis umgesetzt worden ist.
Dabei ist zu berücksichtigen, daß der Ackerschätzungsrahmen dem ehemaligen Reichsschätzungsbeirat dazu gedient hat, zunächst die Musterstücke in Gesamtdeutschland nach einheitlichen Grundsätzen zu kennzeichnen und zu bewerten. Das ist in den Jahren 1935 bis 1939 mit der Einschätzung von 9000 Musterstücken geschehen. Die Schätzungsausschüsse, die die eigentliche Schätzungsarbeit in den Gemeinden durchzuführen hatten, stuften die von ihnen vorgefundenen Bodenarten und Klassen nach diesen Musterstücken ein, so daß die große Aufgabe der Koordinierung zentral geleitet wurde und die Schätzungsausschüsse lediglich die Aufgabe hatten, die Bodenarten und einzelnen Gemeinden richtig in das Netz der 9000 Musterstücke einzugliedern. Daraus ergibt sich, daß letzten Endes die Vorstellungen über Ernten, Erträge und Reinerträge, die sich im Reichsschätzungsbeirat gebildet hatten, für die Einstufung aller Grundstücke maßgebend waren. Setzt man die tatsächlich erzielten Ernten dieser Jahre zu den Ergebnissen der Bodenschätzung in Beziehung, so müßte aus den gewonnenen Relationen abzuleiten sein, welche Vorstellungen über nachhaltige und tatsächliche Ernteerträge, gegebenenfalls nach Abzug der Wirtschaftskosten, beim Reichsschätzungsbeirat vorhanden gewesen sind. Ist auf diese Frage eine wenigstens auch nur annähernd konkrete und eindeutige Antwort zu finden, so würden sich wohl auch Folgerungen zur Frage der Reinerträge ergeben.

III. Unterlagen der Erntestatistik

Die Methodik der deutschen Erntestatistik, die in den Jahren 1935 bis 1939 angewendet wurde, ist so bekannt, daß nur einige wichtige Gesichtspunkte für die nachfolgenden Untersuchungen herausgestellt zu werden brauchen. Vorauszuschicken ist, daß die Ergebnisse der Erntestatistik ihrer Methodik wegen häufig angezweifelt worden sind. So nimmt CLEMENS[1]) an, daß etwa vor 1914 die Ernteerträge im Durchschnitt höher geschätzt worden seien als es den Verhältnissen entsprach. Später seien die Ernteerträge im allgemeinen niedriger geschätzt worden als sie tatsächlich waren, und in den ersten Jahren nach 1945, in denen noch das alte System angewendet wurde, dürften mit Rücksicht auf die Ablieferungsverpflichtungen die Ergebnisse ebenfalls unzuverlässig sein.

Die Ursachen für die angenommenen Fehler werden weniger in der Verarbeitung der Anbauflächenerhebung gesehen, sondern hauptsächlich darin, daß die Erntestatistik auf der Arbeit einer großen Anzahl ehrenamtlicher Berichterstatter beruhte, die für eigens zu diesem Zweck (einschließlich der Saatenstandsberichterstattung) gebildete Bezirke eingesetzt wurden und in jedem Jahr dem zuständigen statistischen Amt die durchschnittlichen Hektarerträge für die einzelnen Fruchtarten in ihrem Berichtsbezirk meldeten. Wenn für die nachfolgenden Untersuchungen der Zeitraum der Jahre 1934 bis 1939 gewählt werden mußte, so ist anzunehmen, daß sich aus der Methode der Erntestatistik etwa ergebende Niveauunterschiede in allen Kreisen wahrscheinlich gleich sind. Allerdings besteht durchaus die Möglichkeit, daß sich wegen der zahlreichen individuellen Einflüsse, die auf die Person der Berichterstatter zurückzuführen sind, auch Niveaufehler von Kreis zu Kreis entstanden sind.

Es wäre also besonders aus diesen Gründen zweckmäßig gewesen, die Ergebnisse der Berichterstatterbezirke den Untersuchungen zugrunde zu legen. Damit wären verschiedene Einflüsse, die durch die Methodik der Schätzung entstanden sein können, erkennbar geworden. Darüber hinaus wäre einer allgemeinen und alten Erkenntnis der wissenschaftlichen Schätzungslehre Rechnung getragen worden, daß alle Wertschätzungen um so zuverlässiger werden, je kleiner die Bezirke sind. Leider standen aber dem Verfasser die Ergebnisse der amtlichen Ernteschätzung nach Schätzungsbezirken der Berichterstatter nicht zur Verfügung. Es mußte daher auf die allgemein zugänglichen Ergebnisse der Landkreise nach ihrem Umfang in den Jahren 1934 bis 1939 zurückgegriffen werden. Für den Bereich der Deutschen Demokratischen Republik stehen die Ernteergebnisse für 118 Landkreise zur Verfügung,

---

[1]) CLEMENS: Reformen der Agrarstatistik. In: Statistische Praxis. Berlin 1950, Heft 12, S. 193.

wobei zu berücksichtigen ist, daß in der Erntestatistik einzelne Landkreise zusammengefaßt wurden. Die Verwendung der sechsjährigen Kreisdurchschnitte macht noch einige Vorbemerkungen erforderlich:

1. Eine alte Erfahrung bei Erntestatistiken lehrt, daß die jährlichen Schwankungen auch von Durchschnittserträgen um so größer sind, je kleiner die Gebiete sind, die als Grundlage dienen. So dürften zweifellos auch die Durchschnittsschwankungen der Ernteerträge von Parzellen größer sein, als die Schwankungen der Betriebe, die der Betriebe größer als die der Gemeinden und die der Gemeinden größer als die Durchschnitte der Berichterstatterbezirke oder ganz und gar der Kreise. Das hat den Vorteil, daß von vornherein mit ausgeglichenen Ergebnissen gerechnet werden kann, und den Nachteil, daß der Abstand von den tatsächlichen Verhältnissen der Gemeinden und Betriebe wahrscheinlich reichlich groß ist.

2. Sollen Ernteerträge mit den Ergebnissen der Bodenschätzung verglichen werden, so müßte Voraussetzung sein, daß die Ernteerträge von Flächen ermittelt werden, die in bezug auf die Faktoren der natürlichen Ertragsfähigkeit möglichst einheitlich sind. Das ist aber nur bei sehr wenigen Landkreisen der Fall. In Wirklichkeit gibt es sehr viele Kreise, die sehr starke Unterschiede sowohl in ihrem Boden als auch in ihren klimatischen Verhältnissen besitzen. Als solche mögen besonders die Kreise Bitterfeld und Delitzsch aufgeführt sein, die beide zum Teil in das Lehmgebiet hineinreichen, zum Teil sich aber auch erheblich in das Gebiet des diluvialen Sandes der norddeutschen Tiefebene erstrecken. Da von den Getreidearten der Weizen auf dem geringen diluvialen Sand überhaupt nicht und der Roggen auf guten Lößböden nur in geringem Umfang angebaut wird, muß sich bei Verwendung von Kreisdurchschnitten ergeben, daß die durchschnittliche Bodenzahl des Kreises Delitzsch z. B. für Weizen zu niedrig und für den Roggen zu hoch ist. Dieser Fehler mußte aber in Kauf genommen werden, um das Zahlenmaterial nicht so stark zu vermindern, daß die Untersuchung nicht mehr möglich gewesen wäre. Völlig versagen mußte das Heranziehen der Kreisdurchschnitte bei den Zuckerrüben, weil diese in den Kreisen, in denen der Zuckerrübenbau auf Grund natürlicher Ertragsbedingungen nur einen geringen Umfang besitzt, wohl immer auf den „besten" Böden angebaut werden. Der erörterte Störungsfaktor war in Kauf zu nehmen, obwohl er in Kreisen mit sehr verschiedenartigem Boden von Bedeutung sein kann. Auch der Versuch, für jeden Kreis eine annähernd zutreffende Bodenformel zu finden, kann hier nicht abhelfen. Trotzdem wurde auch in dieser Hinsicht versucht, die aufgetretenen Fragen soweit wie möglich zu klären.

3. Das Untersuchungsgebiet der gesamten Deutschen Demokratischen Republik ist für eine Untersuchung der Beziehungen zwischen Ernteerträgen und Ergebnissen der Bodenschätzung an sich viel zu groß, weil die klimatischen Verhältnisse sehr erhebliche Abweichungen aufweisen. Deswegen

mußte von vornherein darauf verzichtet werden, die Bodenzahlen zu verwenden; es war notwendig, sich auf die Ackerzahlen zu beschränken, weil nur in ihnen die klimatischen Einflüsse nach einem vergleichbaren Maßstab berücksichtigt sind. Aus dem gleichen Grund verbietet es sich, die für das Gesamtgebiet versuchsweise festgestellten durchschnittlichen Bodenformeln der Kreise eingehender zu analysieren. Die Ackerzahlen mußten so hingenommen werden, wie sie sich aus den Resultaten der Bodenschätzung ergeben, also wie sie von den Sachverständigen festgelegt worden sind. Die Ackerzahl ist das wertmäßig abschließende Ergebnis, und dabei konnte die Frage unberücksichtigt bleiben, ob in der Bodenzahl schon gewisse klimatische Einflüsse berücksichtigt sind oder ob die Ab- und Zurechnungen für Klima den Einfluß des Klimas wirklich zutreffend erfassen. Schließlich soll es ja gerade darauf ankommen, die in den Ergebnissen der Bodenschätzung festgelegte Gesamtwirkung aller natürlichen Ertragsfaktoren auf die Ernteerträge festzustellen.

4. In den alten Landkreisen bestanden keineswegs überall gleiche gesellschaftliche Verhältnisse, insbesondere keine gleichmäßige Verteilung des Grundbesitzes. Es gab Kreise, in denen der Großgrundbesitz flächenmäßig vorherrschend war, und andere, in denen der größte Teil der Ackerflächen von kleinbäuerlichen Betrieben bewirtschaftet wurde. Sicher wäre es wertvoll gewesen, diesen Störungsfaktor auszuschalten, aber auch das hat sich bei dem zur Verfügung stehenden Material als unmöglich erwiesen.

5. Endlich mögen in den Jahren 1934 bis 1939 nicht nur die einzelnen Berichterstatter, sondern auch die statistischen Ämter, die die eingesandten Berichte über die Ernteergebnisse bearbeitet haben, ihren individuellen Einfluß auf die endgültigen Schätzungsergebnisse ausgeübt haben. Auch das ist eine Fehlerquelle, die der Vollständigkeit wegen erwähnt werden mag, die aber ebenfalls in Kauf genommen werden mußte, um überhaupt die Untersuchung durchführen zu können.

Zusammenfassend stellt sich heraus, daß der Vergleich der Ergebnisse der Bodenschätzung mit den durchschnittlichen Ernteerträgen der Kreise keineswegs ideale und wissenschaftlich einwandfreie Grundlagen besitzt. Andererseits muß aber berücksichtigt werden, daß anderes Material einfach nicht zur Verfügung steht oder noch größere Fehlerquellen besitzt oder daß, wenn man z. B. von den Ernteergebnissen einzelner Betriebe ausgeht, die Feststellung der zugehörigen Bodenschätzungsergebnisse auf zeitlich kaum überwindliche Schwierigkeiten stößt. Daher wird in den nachfolgenden Abschnitten der Versuch gemacht, in der dargelegten Weise zu arbeiten, wobei die einerseits zur Bodenschätzung und andererseits zu den Kreisdurchschnitten der Ernteerträge gemachten Bemerkungen zu berücksichtigen waren.

IV. Ernteerträge der Halmfrüchte

Die Übersicht 1 der Anlage stellt für 118 Kreise[1]) der Deutschen Demokratischen Republik die durchschnittlichen Ackerzahlen und die Getreideerträge im Durchschnitt der Jahre 1934 bis 1939 in dz je Hektar gegenüber. Übersicht 2 enthält die Anbauflächen in Prozent der Ackerfläche. Für die Zwecke der vorliegenden Arbeit wurden die 6-jährigen Kreisdurchschnittsernten in ein rechtwinkeliges Koordinatensystem eingetragen und der Abszisse die Ackerzahlen und der Ordinate die Ernten zugeordnet. Die jedem Kreis zugehörigen sich ergebenden Zahlenpaare (Ernte- und Ackerzahl) wurden auf Bild 1 nach den entsprechenden Ordinaten und Abszissen als Punkte abgebildet. Die Lage der entsprechend der Zahl der Kreise ermittelten 118 Punkte ließ bei fast allen Getreidearten, so auch beim *Winterweizen*, eine einigermaßen deutliche Tendenz erkennen. Zunächst war festzustellen, daß den meisten Kreisen Ackerzahlen zwischen 30 und 60 zukommen. Über 60, etwa ab 65, tritt bis 75 eine beachtliche Lücke auf, bis endlich zwischen 75 und 85 wieder eine allerdings noch als verhältnismäßig gering anzusehende Anzahl von Kreisen auftritt. Die ungleichmäßige Streuung der Kreise im Hinblick auf die Ackerzahlen erschwert die weitere rechnerische Bearbeitung der Ergebnisse.

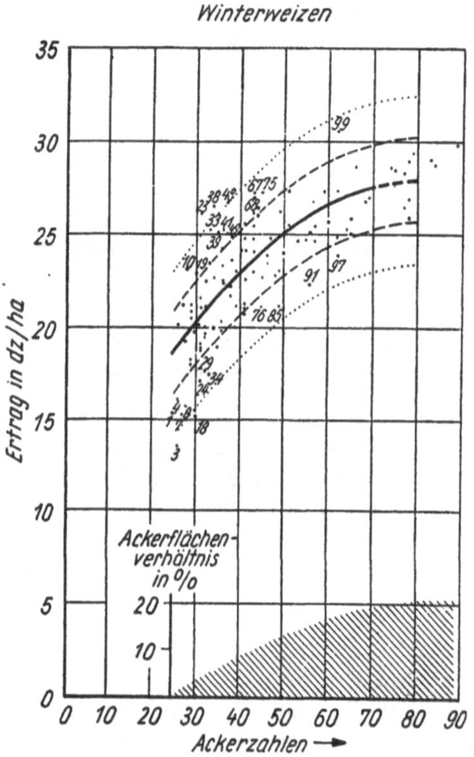

Bild 1

Die Verteilung der sich ergebenden Schnittpunkte aus Ernteerträgen und Ackerzahlen ließ erkennen, daß gesicherte Beziehungen zwischen Ackerzahlen und Ernteerträgen des Winterweizens bestehen. Infolgedessen wurde, um die Tendenz auch zahlenmäßig zu verdeutlichen, ein Trend errechnet, wozu die

[1]) Ohne Stadtkreise und Landkreis Görlitz, einige benachbarte Kreise wurden zusammengefaßt, entsprechend der vorliegenden Gliederung der Erntestatistik.

Methode der kleinsten Quadrate diente. Dieser mathematisch errechnete Trend zweiten Grades ist auf dem Bild 1 als Mittellinie erkenntlich und zeigt an, daß mit Zunahme der Ackerzahlen zunehmende Hektarerträge erzielt wurden. Er besitzt seinen höchsten Sicherheitsgrad selbstverständlich dort, wo das Zahlenmaterial am dichtesten ist, also zwischen den Wertzahlen von 30 bis 65. Die Fortsetzung der Trendlinie von 65 bis 85 kann nicht als vollständig gesichert angesehen werden, da die Zahl der zur Verfügung stehenden Kreise als zu gering, wenigstens im Verhältnis zu den Kreisen mit geringer Bodengüte, angesehen werden muß. Das ist auf dem Bild 1 durch Schraffierung angedeutet. Wird der Trend zweiten Grades errechnet, ergibt sich eine Trendlinie, die von der Ackerzahl 75 an kaum noch eine Steigerung der Ernteerträge aufweist. In Wirklichkeit verhalten sich die absoluten Ernteerträge, selbst wenn man die vorliegende Streuung berücksichtigt, etwas positiver, zeigen aber längst nicht mehr das Steigerungsmaß der geringen Ackerzahlklassen. Trotz mancher Bedenken werden in der nachfolgenden Übersicht der Verlauf des Trends in den aus dem Trend abgeleiteten theoretischen Ernten in dz/ha und damit gleichzeitig die Zunahmeraten der Ernten, im Verhältnis zu den Ackerzahlen in Fünfergruppen gegliedert, aufgezeigt.

Tabelle 1

Winterweizen

Ackerzahl	Aus dem Trend abgeleitete Ernte		Anteil a. d. Ackerfläche 1934	
	dz/ha	Zunahmeraten	in %	Änderungsraten
25	18,6	—	0,8	—
30	20,2	1,6	3,6	2,8
35	21,7	1,5	6,4	2,8
40	23,0	1,3	9,2	2,8
45	24,1	1,1	11,7	2,5
50	25,1	1,0	13,6	1,9
55	26,0	0,9	15,3	1,7
60	26,7	0,7	16,7	1,4
65	27,2	0,5	18,0	1,3
70	27,6	0,4	19,0	1,0
75	27,9	0,3	19,9	0,9
80	28,0	0,1	20,4	0,5

Die aus dem Trend abgeleitete Zahlenreihe über die Zunahmeraten verdeutlicht noch einmal die auch aus Bild 1 ersichtliche Tendenz. Bei den untersten Ackerzahlen beginnend, steigen die Hektarerträge kräftig mit leicht abnehmender Tendenz, sie erreichen zwar geringere aber gleichbleibende Zunahmeraten bei Ackerzahlen von etwa 40 bis 60, dann steigen die Hektarerträge zwar weiter, das Zunahmemaß aber beginnt stark rückläufig zu werden.

Wie nicht anders bei dem so außerordentlich heterogen zusammengesetzten Material zu erwarten war, scheint die Streuung auf den ersten Blick nicht unerheblich zu sein. Nach variationsstatistischen Grundsätzen[1]) wurde zunächst die mittlere Abweichung mit dem Ergebnis 2,28 dz/ha errechnet. Diese mittlere Abweichung wurde in das Bild 1 als einfach punktierte Linie eingezeichnet; 36 Kreise = 30,5% liegen außerhalb der mittleren Abweichung. Unter Zugrundelegung einer Grenzwahrscheinlichkeit von $P = 5\%$ (zweite punktierte Linie) ergibt sich, daß vier Kreise diese Wahrscheinlichkeitsgrenze überschreiten, d. h., ihre Abweichung von der aus dem Trend abgeleiteten Ernte ist größer als 4,52 dz/ha. Im Ergebnis zeigen die variationsstatistischen Errechnungen, daß die gefundenen Streuungswerte sich in erträglichen Grenzen halten. Nichtsdestoweniger muß es von besonderer Bedeutung sein, die stark

---

[1]) Der Trendberechnung liegen folgende Gleichungen zugrunde:

$$na + b\sum x + c\sum x^2 = \sum y$$
$$a\sum x + b\sum x^2 + c\sum x^3 = \sum xy$$
$$a\sum x^2 + b\sum x^3 + c\sum x^4 = \sum x^2 y$$

Es bedeutet:

n = Anzahl der vorliegenden Wertpaare (aus Ackerzahlen und Ernten)
$\sum$ = Summe aller Werte (118)
x = Ackerzahlen
y = Erntewerte (dz/ha)

Die 3 Koeffizienten des Trends (a, b, c) lassen sich hiermit aus den oben aufgeführten Gleichungen bestimmen, so daß jeder Ackerzahl (x) ein dem Trend entsprechender Punkt (Ernte dz/ha) im Koordinatensystem zugeordnet werden kann.

Zur Analyse der vorhandenen Streuung waren aus den Trenderträgen zunächst die mittleren quadratischen Abweichungen nach der Formel

$$\sigma_1 = \sqrt{\frac{\sum (y_i - Y_i)^2}{n - 1}}$$

zu bestimmen. In dieser Formel entspricht

y_i = den tatsächlichen Durchschnittserträgen
Y_i = dem aus dem Trend abgeleiteten Ernteertrag je ha der einzelnen Kreise
$\sum$ = in vorliegender Rechnung 118 verwendete Fälle

Die Grenze der mittleren Streuung ist auf den Schaubildern als gestrichelte Linie eingezeichnet.

Um diejenigen Kreise besonders herauszuheben, die besonders starke Abweichungen haben, wurde den Grundsätzen der Variationsstatistik bei der Auswertung von Feldversuchen folgend eine Wahrscheinlichkeitsgrenze von $P = 5\%$ zugrunde gelegt. Unter Berücksichtigung der vorhandenen Wertpaare waren die für die mittlere Streuung festgestellten Werte mit $t_{118} = 1{,}98$ zu vervielfachen.

An dieser Stelle möchte ich Frau Prof. Dr. Weber und Herrn Dr. Karl-Heinz Müller, beide in Jena, für ihre Ratschläge bei der mathematischen Auswertung, und den Angehörigen meines Instituts, Herrn Dipl.-Landwirt Maronde und Herrn Enke, für ihre Mitarbeit meinen aufrichtigen Dank sagen.

abweichenden Kreise zu analysieren. Sie sind auf den Schaubildern mit den laufenden Nummern der Übersicht 1 im Anhang bezeichnet.

In den Ackerklassenstufen 25 bis 35 streuen die Kreise Schmalkalden (3)[1]), Hildburghausen (18), Annaberg (8), Schleiz (24), Marienberg (29), Meiningen (34) und Sonneberg (7) beträchtlich nach unten. Diese Kreise haben mit wenigen Ausnahmen gemeinsam, daß sie in den Mittelgebirgszonen der Deutschen Demokratischen Republik liegen und daß der Weizenbau in ihnen nur einen verhältnismäßig geringen Umfang besitzt. Da es sich endlich durchweg um Kreise in Mittelgebirgslage mit vorherrschendem Klein- und Mittelbesitz handelt, kann eine Erklärung für die vorliegenden Abweichungen darin liegen, daß entweder in diesen Mittelgebirgslagen die Einflüsse der klimatischen Verhältnisse bei der Bodenschätzung nicht zutreffend erfaßt worden sind, daß der relativ kleine Anteil an der Anbaufläche eine ungenügende Basis für die Schätzung der Ernten abgegeben hat oder daß schließlich hier ein Weizenbau betrieben worden ist, der den natürlichen Standortsbedingungen nicht entspricht, sondern nur deswegen durchgeführt wurde, um die Selbstversorgeransprüche der bäuerlichen Familien zu decken. Bei den Kreisen Lübben (4) und Hoyerswerda (1) handelt es sich auch um Kreise, die keineswegs weizenwüchsigen Boden besitzen; auch dort dürften Selbstversorgergründe zu einem anteilmäßig geringen Anbau von Winterweizen geführt haben. Demgegenüber weichen in den Ackerzahlstufen 30 bis 40 zahlreiche Kreise mit hauptsächlich „leichtem“ Boden, wie Ruppin (19), Gardelegen (39), Parchim (33), Neubrandenburg (49), Ostprignitz (23), Anklam (41), West-Havelland (38), Greifswald (48), Waren (47), Zerbst (53) und Schwerin (58) nach oben ab, d. h. die Winterweizenerträge liegen mehr oder weniger erheblich über der mittleren Abweichung. Eine Erklärung kann darin gefunden werden, daß es sich bei den genannten Kreisen fast durchweg um Endmoränenlandschaften handelt, die eingestreute Geschiebelehminseln besitzen, die den Anbau von Winterweizen zwar erlauben, aber ihrerseits auch höhere Ackerzahlen ausweisen. Da in solchen Kreisen der Weizenbau sich vorwiegend auf diese weizenwüchsigen Böden zurückzieht, wird die Abweichung sogar notwendig. In Wirklichkeit wurde der Winterweizen nicht auf Ackerflächen angebaut, die der durchschnittlichen Kreisbonität entsprechen, sondern auf Böden, die höhere Ackerzahlen als die durchschnittliche Ackerzahl des Kreises besitzen.

Von Kreisen mit höheren Ackerzahlen (etwa 60) weichen die Kreise Haldensleben (99) besonders stark und auch Wolmirstedt (105) nach oben ab. Hierzu ist zu bemerken, daß diese Kreise am Rande der Magdeburger Börde liegen und zu etwa drei Viertel Börde- und anderen gut weizenfähigen Boden besitzen, während der Rest geringen Sandboden an die Letzlinger Heide angrenzend aufweist. Auch hier konzentriert sich der Weizenbau auf Böden, deren Ackerzahlen über dem Kreisdurchschnitt liegen. Infolgedessen muß der Weizen-

[1]) Die in Klammern beigefügten Ziffern entsprechen der laufenden Nummer in der Anlage und sind auf den Schaubildern wiederzufinden.

ertrag über der der durchschnittlichen Ackerzahl des Kreises zuzurechnenden Weizenernte liegen.

Eine Analyse der von der theoretischen Mittellinie stark abweichenden Ernten zeigt, daß die Beziehungen zwischen Ernteerträgen des Winterweizens und Ackerzahlen noch wesentlich enger sind als die immerhin vorhandene Streuung vermuten läßt. Es erweist sich deutlich, daß Kreise mit verschiedenen Bodenarten, wie z. B. Haldensleben, vom theoretischen Durchschnitt abweichen müssen. Es hat sich aber weiterhin gezeigt, daß Kreise, in denen der Winter-

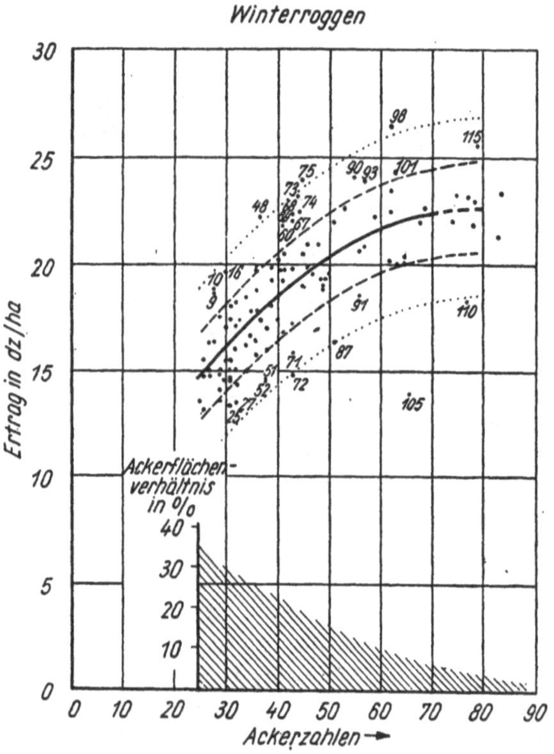

Bild 2

weizenanbau nur aus Gründen der Selbstversorgung in geringem Umfang durchgeführt wird, die statistisch errechneten Mittelwerte nicht erreichen können.

Verfolgt man aber endlich den aus der gefundenen und auf Bild 1 erkennbaren Mittellinie abgeleiteten Anteil des Winterweizens an der Ackerfläche mit zunehmenden Ackerzahlen, so ergibt sich, daß die Landwirtschaft aus den Beziehungen der Winterweizenernten zu den natürlichen Ertragsbedingungen bereits längst die ökonomische Schlußfolgerung gezogen hat, den Winterweizenanbau dort zu verstärken, wo die natürlichen Standortfaktoren den

höchsten Ertrag versprechen. Der Umfang der Winterweizenfläche steigt mit der Besserung der natürlichen Ertragsbedingungen. Die Winterweizenfläche steigt besonders stark, so lange die Raten der Ertragszunahme hoch sind, sie steigt weiter, aber langsamer, sobald die Zunahmeraten abzunehmen beginnen.
Wie für den Winterweizen wurden als zweite Getreideart die Zahlen für den *Winterroggen* durchgerechnet. Bild 2 veranschaulicht in der gleichen graphischen Anordnung wie Bild 1 für den Winterweizen die Beziehungen zwischen Ackerzahlen, Winterroggenerträgen und dem Anteil des Winterroggens an der Ackerfläche. Zunächst wird deutlich, daß beim Roggen im Gegensatz zum Winterweizen der Anteil an der Ackerfläche mit zunehmenden Ackerzahlen beträchtlich fällt. Demgegenüber nehmen auch hier die Ernteerträge je Flächeneinheit mit zunehmenden Ackerzahlen zu. Die Zunahmeraten sind beim Winterroggen geringer als beim Winterweizen.
Die nachfolgende Tab. 2 gibt eine Übersicht über die dargelegten Verhältnisse. Sie entspricht in ihrer Anlage der Tab. 1.

Tabelle 2

Winterroggen

Ackerzahl	Aus dem Trend abgeleitete Ernte		Anteil a. d. Ackerfläche 1934	
	dz/ha	Zunahmeraten	in %	Änderungsraten
25	14,7	—	35,6	—
30	16,1	1,4	31,5	— 4,1
35	17,4	1,3	27,5	— 4,0
40	18,5	1,1	23,9	— 3,6
45	19,5	1,0	20,3	— 3,6
50	20,4	0,9	16,9	— 3,4
55	21,1	0,7	14,0	— 2,9
60	21,7	0,6	11,3	— 2,7
65	22,2	0,5	8,8	— 2,5
70	22,4	0,2	6,7	— 2,1
75	22,6	0,2	5,2	— 1,5
80	22,7	0,1	3,8	— 1,4

Zusammenfassend ist aus der Tabelle und Graphik abzulesen, daß die Gesamttendenz der Winterroggenernten im Verhältnis zu den Ackerzahlen ungefähr die gleiche wie beim Winterweizen ist, nur fehlt die Unterbrechung des fast linearen Anstiegs der Zunahmeraten zwischen den Ackerzahlen 40 bis 60; der Winterroggen weist durchweg abnehmende Zunahmeraten aus. Die Variationsstatistik ergibt eine mittlere Abweichung von 2,12 dz/ha, sie ist auch im Bild 2 wieder mit einer punktierten Linie eingezeichnet. Sie zeigt, daß 31 Kreise = 26,3% außerhalb der mittleren Abweichung liegen. Bei einer Grenzwahrscheinlichkeit von $P = 5\%$ überschreiten sechs Kreise diese Wahrscheinlichkeitsgrenze. Bei ihnen ist die Abweichung von der aus dem Trend abgeleiteten Ernte größer als 4,20 dz/ha. Hiermit besitzen die Beziehungen zwischen Ackerzahlen und Ernten etwa die gleiche Sicherheit wie beim Winterweizen; sie ist sogar um ein geringes größer.

Für den Winterweizen hatte sich ergeben, daß die Kreise Schmalkalden (3), Hildburghausen (18), Annaberg (8), Schleiz (24), Marienberg (29), Meiningen (34), Lübben (4), Hoyerswerda (1) und Sonneberg (7) in den unteren Stufen der Ackerklassen beträchtlich nach unten streuen. Als Ursache wurde angenommen, daß der geringe Anteil des Winterweizens trotz des ungünstigen natürlichen Standortes aus Versorgungsgründen angebaut worden ist. In den gleichen Kreisen ist aber der Anteil des Roggens verhältnismäßig hoch. Es ergibt sich, daß für Winterroggen Schmalkalden (3), Annaberg (8), Sonneberg (7), Schleiz (24), Meiningen (34) und Marienberg (29) über der theoretischen Normallinie liegen, aber noch innerhalb der mittleren Streuung, nur Hildburghausen liegt zwar noch innerhalb der mittleren Streuung, aber unter dem theoretischen Normalertrag. Diese Feststellung ist ein Hinweis darauf, daß die Annahme für die Gründe des Abweichens der Winterweizenkurve wahrscheinlich richtig ist.

Für die Kreise Haldensleben (99) und Wolmirstedt (105) war für den Winterweizen eine z. T. sehr erhebliche Abweichung über die theoretischen Durchschnittserträge hinaus festgestellt worden, weil beide Kreise einen erheblichen Anteil nicht weizenfähigen Bodens besitzen, so daß die Kreisdurchschnittsbonität für den Winterweizen als zu niedrig anzusehen war. Umgekehrt müßten die durchschnittlichen Ackerzahlen beider Kreise für den Roggen zu hoch sein. Das zeigt sich auch in ihrem Verhältnis zu dem aus dem Trend abgeleiteten Ernteertrag. Wolmirstedt (105) fällt sehr weit und Haldensleben (99) allerdings etwas weniger, aber immer noch erheblich unter den theoretischen Durchschnittsertrag. Ähnliche Verhältnisse zeigen sich in den Kreisen Kalbe (110) und Bitterfeld (87). Sie lagen für den Winterweizen allerdings dicht an der theoretischen Normalkurve, beim Roggen ergibt sich aber der erwartete Ausschlag nach unten.

Als besonderes Ergebnis für den Roggen ist ersichtlich, daß fast der ganze Ostteil der ehemaligen Provinz Sachsen, die Kreise Jerichow I (72) und II (51), Liebenwerda (27), Schweinitz (25), Torgau (70), Wittenberg (52) in ihren Ernten unter der theoretischen Normallinie und außerhalb der mittleren Streuung liegen. Alle genannten Kreise haben vorwiegend diluvialen Sand mit einzelnen eingestreuten Geschiebelehminseln (Fläming) oder ins Gewicht fallende Anteile von schwerem Lehmboden (Elbaue). Es kann angenommen werden, daß der Roggen hier auf Böden angebaut wird, die ertragsärmer sind, als es die durchschnittlichen Ackerzahlen dieser Kreise zwischen 30 und 40 ausweisen.

Endlich ist darauf hinzuweisen, daß ein erheblicher Teil der nordöstlichen Kreise des Landes Mecklenburg höhere Roggenernten erzielt hat, als es die mittlere Streuung zulassen würde. Es sind dies die Kreise Greifswald (48), Grimmen (75), Malchin (73), Stralsund (74), Rügen (68), Demmin (60), Anklam (41), Usedom (10), Rostock (64) und Prenzlau (67). Fast die gleichen Kreise hatten auch höhere Weizenernten; dasselbe trifft für die Hafererträge und letzten Endes auch für die Getreideernte im gewogenen Mittel zu. Hier liegt die Vermutung nahe, daß die Bodenschätzung im Hinblick auf die Erfassung der klimatischen Einflüsse auf den Getreidebau versagt hat. Es handelt sich um ein Gebiet mit Jahresniederschlägen von etwa 600 mm und 7—8° durchschnittlicher Jahreswärme.

Beträchtliche Abweichungen ergeben sich auch bei einigen Kreisen mit gutem Boden, das sind die Kreise Mansfelder-Seekreis (115), Meißen (101), Altenburg (93), Rochlitz (90), Wanzleben (118) und Döbeln (98). In diesen Kreisen besitzt der Roggen häufig nur einen relativ geringen Umfang, die Ackerkultur ist verhältnismäßig hoch und der Roggen gerät hier infolge des starken Hackfruchtbaues wahrscheinlich in eine besonders gute Stellung in der Fruchtfolge.

Bei zusammenfassender Beurteilung der Ergebnisse der gefundenen Ernterelationen von Winterroggen und Winterweizen zu den Ackerzahlen stellen sich enge und klare Beziehungen zwischen den Ackerzahlen und den Hektarerträgen der Jahre 1934 bis 1939 heraus. Von vornherein war zu erwarten, daß in den Kreisen mit geringem Anbau von Roggen oder auch Winterweizen eine gewisse Unsicherheit in den Ergebnissen auftreten würde. Es hat sich weiterhin ergeben, daß bei Kreisen mit stark unterschiedlichen Böden, besonders dann, wenn in einem Kreis ins Gewicht fallende Anteile von nichtweizenfähigen Böden vorhanden sind, bedeutendere Abweichungen auftreten. Deswegen kann mit einer gewissen Sicherheit angenommen werden, daß die Streuung wesentlich geringer gewesen wäre, wenn Material aus Gebieten mit einheitlicheren natürlichen Ertragsverhältnissen zur Verfügung gestanden hätte. Die verhältnismäßig starke positive Streuung des Nordostteils Mecklenburgs mag darauf zurückzuführen sein, daß hier nicht erfaßte klimatische Einflüsse auf den Wintergetreideanbau eine Rolle spielen. Alles spricht aber dafür, daß die Beziehungen zwischen Ackerzahlen und Ernteerträgen der beiden Hauptwintergetreidearten noch wesentlich enger sind, wenn Gebiete mit einheitlichem Klima und einigermaßen einheitlichem Boden und Anbauverhältnis untersucht werden können. Allerdings hat sich gezeigt, daß die Zunahmeraten sowohl beim Roggen wie auch beim Weizen mit Besserung der natürlichen Ertragsfaktoren allmählich immer geringer werden und daß Maximalernten, jedenfalls nach den vorliegenden Kreisdurchschnitten, schon bei Ackerzahlen von etwa 70 an vorliegen. Allerdings muß auch diese Aussage deswegen eingeschränkt werden, weil die Zahl der für diese Ertragsstufen zur Verfügung stehenden Kreise nicht mehr ausreichend ist.

Ebenso wie Winterweizen und Winterroggen wurden auch die übrigen wichtigen Getreidearten, Wintergerste, Sommerweizen, Hafer und Sommergerste, durchgerechnet. Zunächst folgen die Tab. 3 und 4 über *Wintergerste und Sommerweizen*, die ebenso wie die beiden Wintergetreidearten aus der Trendberechnung auf Grund der Unterlagen in Übersicht 1 und 2 der Anlage abgeleitet sind.

Tabelle 3

Wintergerste

Ackerzahlen	Aus dem Trend abgeleitete Ernte		Anteil an der Ackerfläche	
	dz/ha	Zunahmeraten	in %	Änderungsraten
25	19,0	—	0,3	—
30	20,6	1,6	0,8	0,5
35	22,1	1,5	1,3	0,5
40	23,5	1,4	1,8	0,5
45	24,6	1,1	2,3	0,5
50	25,6	1,0	2,7	0,4
55	26,4	0,8	3,1	0,4
60	27,1	0,7	3,4	0,3
65	27,7	0,6	3,7	0,3
70	28,0	0,3	4,0	0,3
75	28,2	0,2	4,2	0,2
80	28,3	0,1	4,4	0,2

Tabelle 4

Sommerweizen

Ackerzahlen	Aus dem Trend abgeleitete Ernte		Anteil an der Ackerfläche	
	dz/ha	Zunahmeraten	in %	Änderungsraten
25	16,3	—	0,6	—
30	17,8	1,5	0,9	0,3
35	19,1	1,3	1,2	0,3
40	20,4	1,3	1,5	0,3
45	21,5	1,1	1,8	0,3
50	22,4	0,9	2,2	0,4
55	23,2	0,8	2,6	0,4
60	23,9	0,7	3,1	0,5
65	24,4	0,5	3,6	0,5
70	24,8	0,4	4,3	0,7
75	25,1	0,3	5,1	0,8
80	25,2	0,1	6,0	0,9

Die Ergebnisse von Wintergerste und Sommerweizen ähneln sich sehr stark, und die Beziehungen zwischen Ackerzahlen einerseits und den Ernteerträgen dieser beiden Fruchtarten andererseits sind ungefähr die gleichen wie die des Winterweizens. Es ist daher nicht notwendig, näher auf Einzelheiten einzugehen, auch eine graphische Darstellung würde keine neuen Erkenntnisse vermitteln.

Es beträgt die mittlere Abweichung

bei Wintergerste 2,22 dz
bei Sommerweizen 2,28 dz

Außerhalb der mittleren Abweichung liegen

bei Wintergerste 36 Kreise = 30,5%
bei Sommerweizen 36 Kreise = 30,5%

Die Wahrscheinlichkeitsgrenze bei einer Grenzwahrscheinlichkeit von $P = 5\%$ überschreiten bei Wintergerste vier, bei Sommerweizen sechs Kreise, deren Abweichung von der Trendernte

bei Wintergerste mehr als 4,39 dz
bei Sommerweizen mehr als 4,53 dz

beträgt.

Bei Sommerweizen streuen negativ wieder die Mittelgebirgskreise und positiv die Kreise der Endmoränenlandschaft und der nordöstliche Teil Mecklenburgs. Auch für die Wintergerste ergaben sich aus der Analyse der Streuungskreise keine neuen Gesichtspunkte. Die Relationen zwischen Ernteertrag und Ackerzahlen sind denen der beiden Weizenarten sehr ähnlich.
Von den übrigen Getreidearten etwas abweichende Tendenzen ergab die Durchrechnung der *Hafererträge.*

Tabelle 5

Hafer

Ackerzahlen	Aus dem Trend abgeleitete Ernte		Anteil an der Ackerfläche	
	dz/ha	Zunahmeraten	in %	Änderungsraten
25	16,4	—	14,4	—
30	17,9	1,5	15,6	+ 1,2
35	19,3	1,4	16,2	+ 0,6
40	20,7	1,4	16,3	+ 0,1
45	21,9	1,2	16,3	± 0
50	23,1	1,2	16,0	— 0,3
55	24,1	1,0	15,6	— 0,4
60	25,1	1,0	15,0	— 0,6
65	25,9	0,8	14,1	— 0,9
70	26,7	0,8	13,1	— 1,0
75	27,4	0,7	12,1	— 1,0
80	27,9	0,5	10,8	— 1,3

Hafer ist eine Getreideart, die aus Gründen starken Selbstverzehrs in den Betrieben im Anteil an der Ackerfläche nur geringen Schwankungen unterliegt. Im Gegensatz zu den bisher untersuchten Getreidearten verläuft der Anteil des Hafers an der Ackerfläche nicht geradlinig, sondern bei Ackerzahlen von 25 bis etwa 40 steigt der Haferanbau, um von da an wieder mit steigenden Raten abzunehmen (Bild 3).

Die Hafererträge zeigen im Verhältnis zu den Ackerzahlen eine den übrigen Getreidearten einigermaßen ähnliche Tendenz, allerdings sind hier die Zunahmeraten mit zunehmenden Ackerzahlen durchweg etwas höher als bei allen bisher untersuchten Getreidearten, so daß die Kurve insgesamt einen etwas steileren Verlauf annimmt. Insbesondere ist das Zunahmemaß in den höheren Ackerzahlenklassen wesentlich bedeutender als bei den anderen Getreidearten. Das kann darauf zurückzuführen sein, daß gerade beim Hafer durch richtige Anwendung der Sorten eine besonders gute Anpassung an die natürlichen Ertragsfaktoren möglich ist. Auch mag eine Rolle spielen, daß der Hafer in den Gebieten hoher natürlicher Ertragsfähigkeit eine günstigere Stellung in der Fruchtfolge einnimmt als dort, wo niedrigere Ackerzahlen vorliegen. Als Kreise, die aus der mittleren Streuung negativ herausfallen, zeigen sich bei Ackerzahlen zwischen 25 und 30 Sonneberg (7), Hildburghausen (18) und Annaberg (8), also wieder Kreise, die im Mittelgebirge liegen. Dazu gesellt sich mit einer Ackerzahl von 32 der Kreis Liebenwerda (27) mit z. T. kaum haferwüchsigem Boden und einem erheblichen Anteil an Böden mit ungünstigem Grundwasserstand. Positiv fallen aus der Gruppe der Kreise mit niedrigen Ackerzahlen wieder die Kreise mit Endmoränenböden heraus, wie Ruppin (19), Ostprignitz (23) und Parchim (33). Dazu treten mit höheren Ackerzahlen zwischen 35 und 40 die Kreise Grimmen (75), Stralsund (74), Malchin (73), Prenzlau (67), Greifswald (48) und Anklam (41).

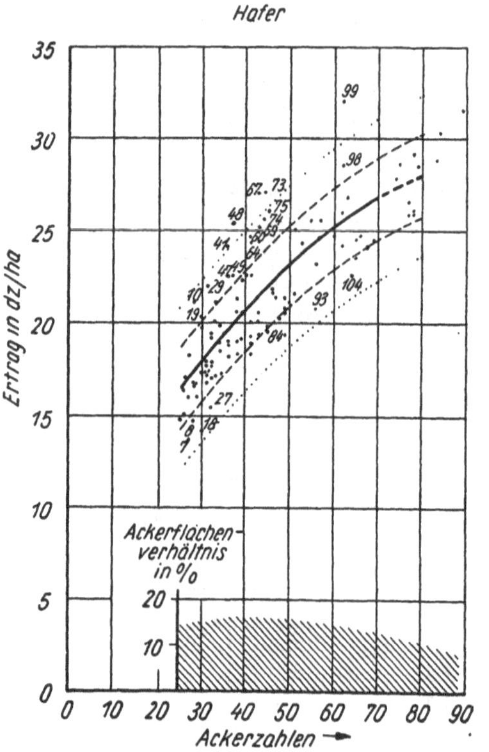

Bild 3

Für diese Abweichungen dürften ähnliche Gründe maßgebend sein, wie für die positiven Abweichungen beim Winterweizen. Das Ergebnis der statistischen Aufrechnung ergibt eine mittlere Abweichung von 2,19 dz/ha, außerhalb derer 32 Kreise = 27,1% liegen. Die Grenzwahrscheinlichkeit $P = 5\%$ überschreiten wieder nur fünf Kreise mit Abweichungen von mehr als 4,33 dz/ha.

Abschließend ist zu bemerken, daß auch für den Hafer fast die gleichen Beziehungen festzustellen waren wie für alle übrigen Getreidearten. Auch die Sommergerste macht keine Ausnahme.

Tabelle 6

Sommergerste

Ackerzahlen	Aus dem Trend abgeleitete Ernte		Anteil an der Ackerfläche	
	dz/ha	Zunahmeraten	in %	Änderungsraten
25	17,2	—	1,9	—
30	18,4	1,2	2,4	0,5
35	19,6	1,2	3,0	0,6
40	20,6	1,0	3,9	0,9
45	21,5	0,9	4,9	1,0
50	22,3	0,8	6,3	1,4
55	22,9	0,6	8,2	1,9
60	23,4	0,5	10,5	2,3
65	23,8	0,4	12,5	2,0
70	24,1	0,3	13,4	0,9
75	24,2	0,1	13,9	0,5
80	24,2	0	14,1	0,2

Die mittlere Abweichung beträgt 1,89 dz/ha. 24,4% oder 29 Kreise liegen außerhalb der mittleren Abweichung. Sieben Kreise fallen mit mehr als 3,74 dz aus der statistischen Masse heraus.

Für alle einzelnen Getreidearten ergab sich, daß die Wirkung der natürlichen Ertragsfaktoren, wie sie in den Ackerzahlen der Bodenschätzung ihren Ausdruck findet, auf die Kreisdurchschnittserträge der Jahre 1934 bis 1939 ähnlich war. Da nun die Getreidearten nicht nur nach pflanzenbaulichen Gesichtspunkten — wenigstens im Gegensatz zu den übrigen Ackerkulturen — in ihren Ansprüchen an Boden und Klima einander ähneln, sondern sich auch betriebswirtschaftlich gegenseitig ersetzen und ergänzen, mußte die nächste Frage den Beziehungen zwischen Ackerzahlen und dem gewogenen arithmetischen *Mittel der Ernteerträge aller Getreidearten* gelten. Daher wurden die Hektarerträge und Anbauflächen aller Getreidearten, wie sie die Erntestatistik ausweist, zusammengefaßt und in der gleichen Weise weiter verarbeitet wie die einzelnen Getreidearten. Das Ergebnis befindet sich in der Tab. 7, die wieder aus den Übersichten 1 und 2 der Anlage ermittelt worden ist. Für das gewogene Mittel aller Getreidearten ergeben sich, wie wohl erwartet werden mußte, Beziehungen, die etwa dem Mittel der Zahlenreihen und Kurven für die einzelnen Getreidearten entsprechen. Das Steigerungsmaß fällt in nunmehr noch ausgeglicheneren Abständen mit zunehmenden Ackerzahlen. Bild 4 zeigt den ermittelten Trend; er läßt erkennen, daß die betriebswirtschaftlich oft gegebene Zusammenfassung des gesamten

Getreidebaues wenigstens im Verhältnis von Ernten und natürlichen Ertragsfaktoren zulässig ist.

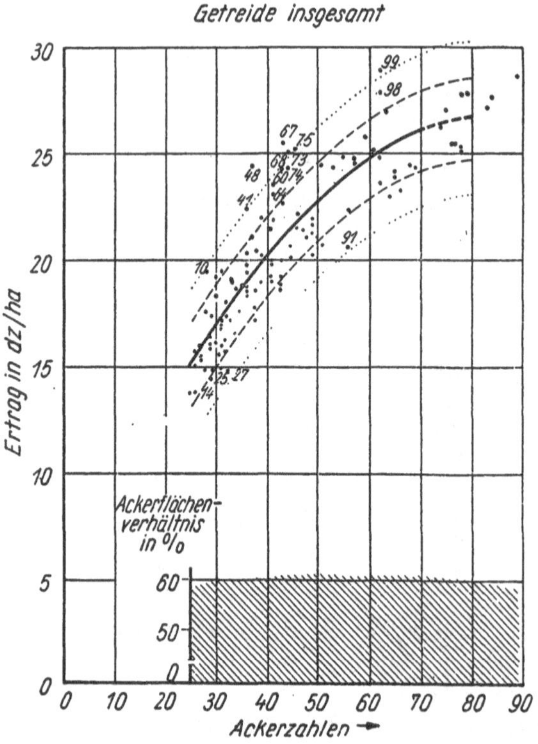

Bild 4

Die mittlere Abweichung beträgt 1,81 dz, 29 Kreise = 24,6% liegen außerhalb derselben. Fünf Kreise überschreiten unter Zugrundelegung einer Grenzwahrscheinlichkeit von $P = 5\%$ diese Grenze mit einer höheren Abweichung als 3,59 dz/ha. Wie nicht anders zu erwarten, liegen die variationsstatistischen Ergebnisse für Getreide insgesamt im Sinne einer geringeren Streuung noch etwas günstiger als für die einzelnen Getreidearten.

Es ergibt sich, daß die Abweichungen nach oben hauptsächlich wieder in den Kreisen im Nordosten Mecklenburgs vorliegen, so Prenzlau (67), Grimmen (75),

Tabelle 7

Getreide insgesamt

Ackerzahlen	Aus dem Trend abgeleitete Ernte		Anteil an der Ackerfläche	
	dz/ha	Zunahmeraten	in %	Änderungsraten
25	14,9	—	59,3	—
30	16,8	1,9	59,7	+ 0,4
35	18,6	1,8	60,1	+ 0,4
40	20,1	1,5	60,4	+ 0,3
45	21,6	1,5	60,6	+ 0,2
50	22,8	1,2	60,8	+ 0,2
55	23,9	1,1	60,9	+ 0,1
60	24,8	0,9	60,9	± 0
65	25,5	0,7	60,8	— 0,1
70	26,0	0,5	60,6	— 0,2
75	26,5	0,5	60,4	— 0,2
80	26,7	0,2	60,1	— 0,3

Malchin (73), Stralsund (74), Rügen (68), Greifswald (48), Demmin (60), Rostock (64), Anklam (41) und Usedom (10). So darf mit einiger Sicherheit die Aussage gemacht werden, daß für dieses Gebiet offenbar andere Beziehungen, und zwar günstigere, zwischen Ackerzahlen und Getreideerträgen vorliegen als in den übrigen Kreisen der Deutschen Demokratischen Republik. Da man kaum vermuten kann, daß die Ergebnisse der Erntestatistik bei einer so großen Anzahl von Kreisen ausgesprochen falsch sind, muß wohl angenommen werden, daß die Ergebnisse der Bodenschätzung wahrscheinlich besonders[1]) im Hinblick auf die klimatischen Einflüsse nicht zutreffen. Möglicherweise treten auch abweichende betriebswirtschaftliche Verhältnisse (1934 bis 1939) als Störungsfaktor auf. Es dürfte sich hier um ein Gebiet handeln, für das unter allen Umständen eine eingehendere Untersuchung über die Beziehungen zwischen Getreideerträgen und Ackerzahlen an größerem Material durchgeführt werden müßte. Als Kreise, in denen die Getreideerträge erheblich nach unten variieren, sind Liebenwerda (27) und Spremberg (14) aus der Gruppe der niedrigen Ackerzahlen zu nennen. Von sonstigen extremen Abweichungen fallen der Kreis Gotha (91) mit unverhältnismäßig niederen und Haldensleben (99) mit hohen Getreideerträgen auf.

Das Bild 5 und die Tab. 7 zeigen weiterhin, daß der Gesamtanbau von Getreide in allen Kreisen nur geringen Schwankungen (1,6%) unterliegt. Deswegen dürften die Durchschnittsernten aller Getreidearten einen besonders hohen Aussagewert für die Beziehungen zwischen Ernteerträgen und Ackerzahlen besitzen. In ihnen kommt schon ein erheblicher Teil der ökonomischen Faktoren der Gestaltung des Ackerflächenverhältnisses zum Ausdruck. Bei dem Durchschnitt aller Getreidearten muß angenommen werden, daß nur diejenigen Arten angebaut werden, die unter den gegebenen natürlichen Verhältnissen die günstigsten Erträge versprechen. Das zeigt ein Vergleich der nach variationsstatistischer Methode errechneten mittleren Abweichungen.

Winterweizen	2,28 dz
Winterroggen	2,12 „
Wintergerste	2,22 „
Sommerweizen	2,28 „
Hafer	2,19 „
Sommergerste	1,89 „
Getreide insgesamt	1,81 „

Der nächste Schritt zur Untersuchung der Beziehungen zwischen den Ernteerträgen der Getreidearten und der in den Ackerzahlen zum Ausdruck gelangenden Abstufung der Wirkung der natürlichen Ertragsfaktoren müßte der Frage gelten, ob die in der Bodenbeschreibung zum Ausdruck gelangenden Boden- und Entstehungsarten nicht einen noch tieferen Einblick in die gefundenen Relationen erlauben. Zu diesem Zweck wurde für alle Kreise auf Grund der

[1]) In diesen Kreisen hat sich bei Nachschätzungen ergeben, daß die hier zum Teil auf Flurbegehungen beruhenden Unterlagen zu niedrige Ergebnisse auswiesen.

zur Verfügung stehenden Unterlagen[1]) eine Gruppierung der Kreise in eine Sand-Lehmreihe und in eine Ton-Lehmreihe durchgeführt. Hierbei stellte sich als empfindliche Schwierigkeit heraus, daß für alle Verwitterungsböden Angaben über die geologische Herkunft fehlen. Immerhin ließen sich die dargelegten Gruppierungen mit einiger Sicherheit durchführen. Auf eine rechnerische und graphische Wiedergabe der Ergebnisse kann verzichtet werden.

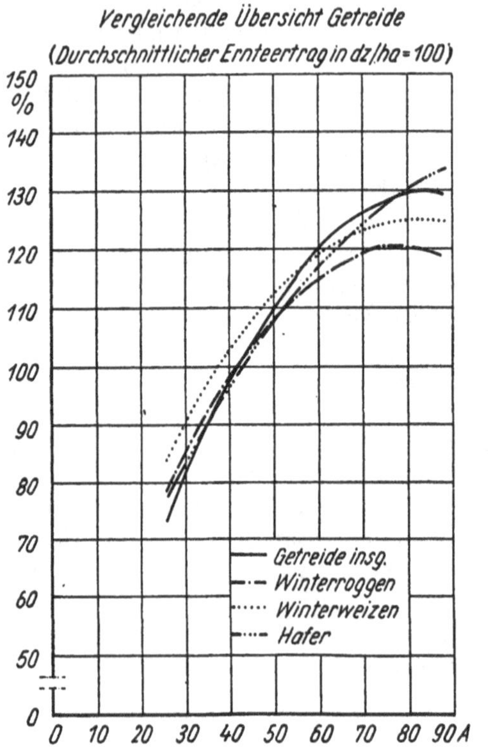

Bild 5

Die sich ergebenden Tendenzen zeigen gegenüber der Zusammenfassung aller Kreise auffallend geringe Abweichungen. Das mag zum Teil daran liegen, daß die Verwaltungsbezirke sich keineswegs mit der Bodenartenverteilung decken, so daß eine genügend scharfe Abgrenzung nicht erfolgen konnte. Die Erforschung der nach Bodenarten und nach geologischer Herkunft gegliederten Ernteergebnisse muß Sonderuntersuchungen auf Grund kleinerer Erhebungsbezirke vorbehalten bleiben. Jedenfalls kann aber als gesichert gelten, daß wenigstens nach *Maßgabe der Getreidedurchschnittserträge der Kreise* die Bodenschätzung eine ausgeglichene Einstufung der Kreise mit schweren und leichten Böden, aber gleicher Ackerzahl ausweist. Dieses Ergebnis erscheint deswegen besonders bemerkenswert, weil die Ackerzahlen der Bodenschätzung angeblich die Unterschiede im Reinertrag und nicht im Rohertrag zum Ausdruck bringen sollen. Endlich mag an dieser Stelle darauf hingewiesen sein, daß eine Gliederung der Kreise in Klimabezirke, also der Versuch einer Isolierung der klimatischen Einflüsse zwar noch nicht aufgegeben worden ist; mit dem gegebenen Material hat er sich aber als nur unter größten Schwierigkeiten und mit kaum vertretbaren Abstraktionen durchführbar erwiesen. Für die Kreisdurchschnitte dürfte allerdings angenommen werden können, daß die klimatischen Einflüsse im Gesamtrahmen der Ackerzahlen zutreffend erfaßt worden sind, wenn man die gefundenen Gesamtrelationen als „richtig" unterstellt.

[1]) Besonders Meitzen, a. a. O., und Klimaatlas des Akademie-Verlages. Berlin 1953.

Abschließend waren die für die einzelnen Getreidearten errechneten Trends untereinander in Beziehung zu setzen. In allen Fällen wurde der durchschnittliche Ernteertrag jeder Fruchtart gleich 100 gesetzt, um alle graphischen Darstellungen unmittelbar vergleichen zu können (Bild 5).

Im großen und ganzen ergibt sich in den auf die Durchschnittsernten aller Kreise bezogenen Kurven sowohl der untersuchten einzelnen Getreidearten wie auch für das Mittel aller Getreidearten eine überraschend übereinstimmende Haupttendenz. Die Sonderstellung des Hafers in Kreisen mit hohen Ackerzahlen wird dadurch deutlich erkennbar, daß die errechneten Relativwerte höher ausfallen als bei den übrigen Getreidearten; auch das Zurückbleiben der relativen Winterroggenkurve in den oberen Ertragsstufen, zurückzuführen auf den Umstand, daß in Kreisen mit durchschnittlich guten Böden der Roggen auf die schlechtesten Pläne zurückgedrängt wird, wird im Vergleich zu den anderen Getreidearten besonders deutlich.

Mithin bestätigt das Bild 4 die bereits für die einzelnen Getreidearten gefundenen Beziehungen zwischen Ackerzahlen und Ernteerträgen:

1. Mit steigenden Ackerzahlen, d. h. mit allmählich immer günstiger werdenden natürlichen Ertragsbedingungen erhöhen sich die Ernten aller Getreidearten. Die Streuung ist verhältnismäßig unbedeutend und wäre noch geringer, wenn genügend Ernteerträge aus Bezirken mit ausgeglichenen Klimaeinflüssen und Böden gleichlaufender Abstufung zur Verfügung gestanden hätten. (Zunehmender bzw. abnehmender Gehalt an abschlämmbaren Bestandteilen, besonders aber auch gleiche Entstehungsart.)

2. Die Zunahmeraten der Ernteerträge sind nicht gleichmäßig, sondern bei niedrigen Ackerzahlen durchweg größer als bei höheren. Einzelne Getreidearten weisen unbedeutende, aber doch erkennbare Unterschiede auf. Es erscheint jedoch zulässig, alle Getreidearten zusammenzufassen.

3. Die Gesamttendenz im Verhalten der Ernteerträge aller Getreidearten gegenüber einer gleichmäßigen Abstufung der Ackerzahlen weist kaum Unterschiede auf, wenn man von den Extremen absieht.

4. Die ökonomischen Faktoren, die insbesondere die Gestaltung des Ackerflächenverhältnisses beeinflussen, bewirken, daß sich die Streuung bei zusammenfassender Untersuchung aller Getreidearten verringert. Gleichwohl wird trotz gewisser Unterschiede zwischen den einzelnen Getreidearten die Haupttendenz des Ertragsverlaufes und der Zunahmeraten im Verhältnis zu gleichmäßig gesteigerten Ackerzahlen nicht verändert.

5. Der relative Anteil des Getreidebaues an der Ackerfläche ist offenbar von dem Einfluß der natürlichen Ertragsfaktoren so gut wie nicht abhängig. Die Schwankung beträgt nach den Kreisdurchschnittszahlen nur 1,6%. Für diesen Anteil dürften daher mehr Faktoren ökonomischer Art ausschlaggebende Bedeutung besitzen, was auch die Entwicklung des Getreidebaues im Verlauf der letzten Jahrzehnte bestätigt.

V. Ernteerträge der Blattfrüchte

Von den Blattfrüchten mußten im Gebiet der DDR die Spätkartoffeln bei einer Untersuchung über die Ertragsverhältnisse des Ackerlandes im Vordergrund stehen. Nach der gleichen Methode wie beim Getreide wurde versucht, die Beziehungen zwischen Ackerzahlen und den Kreisdurchschnittserträgen der Jahre 1934 bis 1939 und dem Anteil der Kartoffeln an der Ackerfläche klarzustellen. Auf den in der Anlage befindlichen Übersichten 3 und 4 beruht die im Bild 6 wiedergegebene geometrische Darstellung, für die der Trend, die mittlere Abweichung und die Grenzwahrscheinlichkeit errechnet wurden. Die Tab. 8 gibt die aus dem Trend der Ernteerträge und der Mittellinie des Ackerflächenverhältnisses abgeleiteten und den einzelnen Ackerzahlen zuzuordnenden Zahlenwerte wieder.

Tabelle 8

Kartoffeln

Ackerzahlen	Aus dem Trend abgeleitete Ernte[1])		Anteil an der Ackerfläche	
	dz/ha	Zunahmeraten	in %	Änderungsraten
25	170	—	23,5	—
30	173	3	19,3	— 4,2
35	175	2	16,6	— 2,7
40	178	3	15,2	— 1,4
45	181	3	14,2	— 1,0
50	183	2	13,5	— 0,7
55	186	3	13,0	— 0,5
60	188	2	12,7	— 0,3
65	190	2	12,4	— 0,3
70	192	2	12,2	— 0,2
75	194	2	12,2	± 0
80	196	2	12,2	± 0

Die vorstehende Übersicht zeigt, daß im Gegensatz zu allen Getreidearten die sechsjährigen Durchschnitte der Kartoffelernten sehr stabil sind. Die Ertragsdifferenz zwischen den niedrigsten und höchsten Ackerzahlen beträgt noch nicht einmal 30 dz/ha, das sind etwa 12% der maximalen Durchschnittsernte; sie beträgt beim Getreidebau rund 45%. Entsprechend sind die Zunahmeraten der Ernten je Ertragsfähigkeitsstufe klein, sie verlaufen aber im Gegensatz zum Getreidebau ausgesprochen gleichmäßig. Demgegenüber nimmt

[1]) Nur Spätkartoffeln.

der Anteil der Kartoffeln an der Ackerfläche mit zunehmenden Ackerzahlen nahezu um 50% ab, d. h. der Kartoffelbau wird auf den besten Böden durch den Zuckerrübenbau und andere wertvolle Hackfrüchte des guten Bodens zurückgedrängt.

Die Streuung der Ernten von der aus dem Trend 2 errechneten theoretischen Mittellinie ist erheblich. Sie beträgt 15,91 dz/ha und ist größer als die Hälfte des gesamten Steigerungsmaßes der Kartoffelernten vom geringsten zum besten theoretischen Kreisdurchschnitt. Rechnet man die Hektarerträge mit dem Faktor 0,25 auf Getreideeinheiten zurück, so würde die Streuung annähernd 4 dz betragen gegenüber rund 2 dz beim Getreide.

24 Kreise = 20,3% liegen außerhalb der mittleren Abweichung; unter Zugrundelegung einer Grenzwahrscheinlichkeit von $P = 5\%$ überschreiten drei Kreise diese Grenze. Ihre Abweichung von der aus dem Trend abgeleiteten Ernte ist größer als 31,5 dz/ha.

Hiermit werden einige Grundfragen des Kartoffelbaues zahlenmäßig verdeutlicht: Der Kartoffelbau ist in seinen Ernteerträgen von dem Gesamteinfluß aller natürlichen Ertragsfaktoren nur in geringem Umfange abhängig, wenn man den Durchschnitt mehrerer Jahre zugrunde legt. Die Ertragsunterschiede zwischen guten und schlechten Böden halten sich in verhältnismäßig engen Grenzen. Ausgleichend auf die Kreisdurchschnitte dürften sich andere, nicht erfaßte Faktoren, wie z. B. die Kartoffelkrankheiten, auswirken.

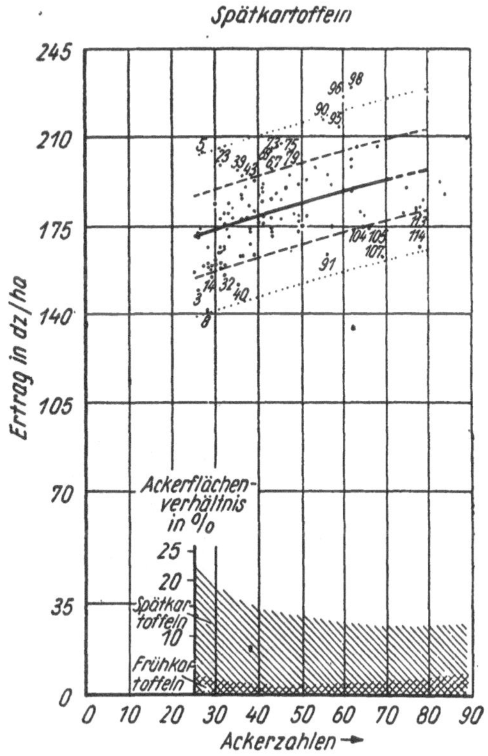

Bild 6

Die entscheidende Rolle des Kartoffelbaues für die geringen Böden wird dadurch ersichtlich, daß bei ihnen der Anteil der Kartoffeln am höchsten ist und daß sich die Ernteerträge nur verhältnismäßig wenig von denen des guten Bodens unterscheiden. Damit schafft der Kartoffelanbau für geringere Böden, die nur niedrige Getreideernten zulassen, überhaupt erst die Voraussetzung für eine den betriebswirtschaftlichen Verhältnissen der deutschen Landwirtschaft genügende Höhe der pflanzlichen Erzeugung.

Besonders für die Kartoffel lag es nahe, zu untersuchen, ob sich, vom besten Boden ausgehend, die Minderung der Ernten zum Sandboden hin anders verhält als zum schweren Ton- und Verwitterungsboden. Dabei ergab sich, daß die schweren Böden mit abnehmenden Ackerzahlen einen schnelleren Ertragsabfall zeigen als die leichten. Im übrigen sind aber die Unterschiede nicht so erheblich, daß dadurch die Gesamttendenz wesentlich geändert würde. Bild 7 verdeutlicht diese Verhältnisse in einem überhöhten Maßstab.

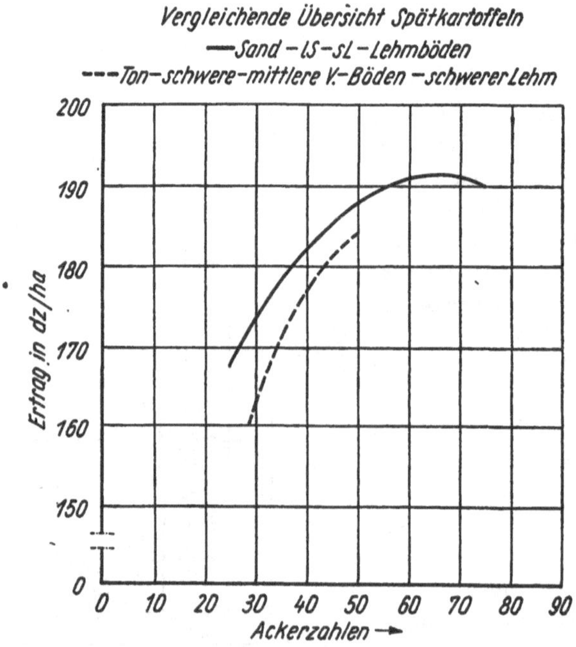

Bild 7

Es bleibt auch bei den schweren Böden bei verhältnismäßig kleinen Zunahmeraten, nur das Gesamtniveau der Ernte liegt um durchschnittlich 8 dz/ha niedriger. Das vorhandene Material der 118 Kreise reicht für solche Differenzierungen kaum aus. Daher ist notwendig, die Relationen zwischen schweren und leichten Böden gleicher Ackerzahlen an erweitertem Material noch eingehender zu überprüfen.

Untersucht man die stark streuenden Kreise zum Gesamttrend, so bestätigt sich, daß die Kreise mit verhältnismäßig schwerem Boden negativ streuen. Genannt seien Arnstadt (40), Gotha (91), Eckartsberga (104), Mansfelder Gebirgskreis (107), Halberstadt (114). Positiv streuen dagegen zunächst wieder Kreise mit leichten Böden und verhältnismäßig günstigen Niederschlägen, wie Ludwigslust (5), Prenzlau (67), Salzwedel (69), Malchin (73), Grimmen (75) und Ostprignitz (23). Auch einige Kreise des Landes Sachsen mit mittleren Böden, wie Leipzig (96) und Döbeln (98), schließlich aber auch Rochlitz

(90), Oschatz (95) und Meißen (101) streuen stark positiv. Leider konnte der Einfluß günstiger Niederschläge und hoher Luftfeuchtigkeit nicht genügend geklärt werden. Immerhin hat es den Anschein, als ob diese natürlichen Ertragsfaktoren sich zwar auswirken (z. B. Leipziger Bucht), aber nicht überschätzt werden dürfen.

Als nächste Hackfrucht war die *Zuckerrübe* zu untersuchen. Auch hier wurden entsprechende geometrische Darstellungen angelegt, die zeigten, wie auch aus der Übersicht 3 in der Anlage ersichtlich ist, daß sich die Streuung der Ernten in mäßigen Grenzen hält. Beziehungen zwischen den Ackerzahlen und den Kreisdurchschnitten der Zuckerrübenernten waren nicht feststellbar.

Es wurde deswegen auch versucht, die Kreise nach der Höhe der Niederschläge zu gruppieren. Auch dabei zeigte sich, daß klare Beziehungen zwischen der Höhe der Niederschläge (in der Hauptvegetationszeit der Rübe) und den Ernteerträgen nicht nachzuweisen waren. Infolgedessen mußte der Versuch, solchen Beziehungen nachzugehen, als vergeblich angesehen werden. Zwischen den Ackerzahlen und Kreisdurchschnittsernten der Zuckerrüben bestehen keine eindeutigen Beziehungen. Die Ursache dürfte in der bekannten Tatsache liegen, daß die alten Zuckerrübenkreise wie Querfurt, Wanzleben, Mansfelder Seekreis, Halberstadt, Bernburg u. a. „bis zu einem gewissen Grade" rübenmüde sind. Die Zuckerrübenerträge der Kreise Stendal, Salzwedel, Osterburg, Haldensleben, Oschatz liegen wesentlich höher, obwohl die Ackerzahlen über 25 Punkte niedriger liegen. Sieht man von Kreisen mit extremen Ergebnissen ab, so liegt die Schwankung der Zuckerrübenernten zwischen 285 und 320 dz; ähnlich wie bei den Kartoffeln sind die Ertragsunterschiede verhältnismäßig gering. Einer der Hauptgründe für das Versagen der angewendeten Methodik liegt darin, daß mit Kreisdurchschnittsernten gearbeitet worden ist und zu den durchschnittlichen Ackerzahlen der Kreise etwaige Beziehungen gesucht wurden. Der Zuckerrübenbau nimmt aber nur in elf Kreisen mehr als 8% ein, in 107 Kreisen jedoch weniger. Für die schwächer Zuckerrübenbau betreibenden Kreise muß aber angenommen werden, daß die Zuckerrüben immer unter den jeweils besten natürlichen Ertragsbedingungen angebaut werden, so daß die Beziehung zu der durchschnittlichen Ackerzahl des Kreises von vornherein nicht richtig sein kann. Das gleiche dürfte sich auch für Gemeinde-, ja auch für Betriebsdurchschnitte ergeben, wenn es sich nicht um Bezirke ausgesprochen gleichmäßigen Bodens handelt. Es kommt hinzu, daß die Zuckerrübe infolge ihres hohen Arbeitsaufwandes auch hinsichtlich ihrer Stellung in der Fruchtfolge und der gesamten Düngung überall besonders pfleglich behandelt wird, so daß die relative Höhe der Ernteerträge mehr von anderen Ertragsfaktoren abhängig sein dürfte als von denen, die die Bodenschätzung in den Ackerzahlen zusammenfaßt.

Einen weiteren bedeutenden Anteil an der Ackerfläche besitzen von den Blattfrüchten noch die beiden wichtigsten Ackerfutterpflanzen, Luzerne und Klee. Auch für sie wurden die Beziehungen zwischen Ernten und Ackerzahlen unter sucht. Bild 8 zeigt das wie für die anderen Fruchtarten angelegte Koordinatensystem für *Luzerne.*

Die mittlere Abweichung beläuft sich auf 5,87 dz (9% des Höchstertrages) und hält sich damit in ähnlichen Grenzen wie bei den Kartoffeln. 38 Kreise = 32,2% liegen außerhalb der mittleren Abweichung. Bei einer Grenzwahr-

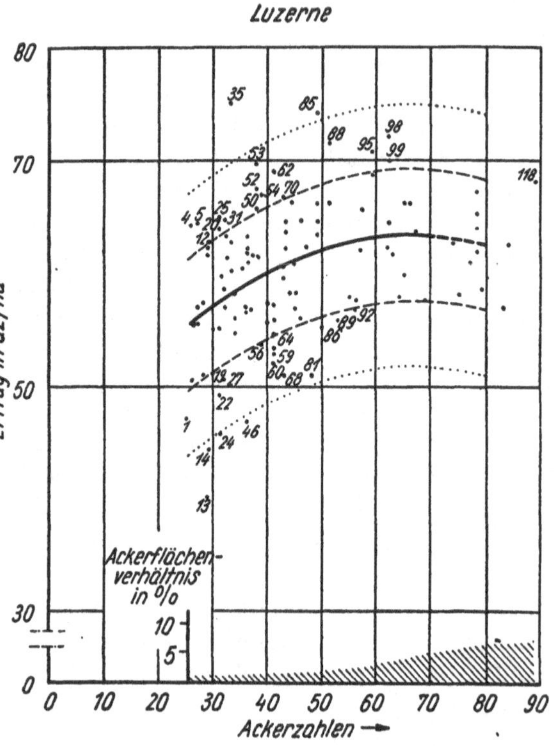

Bild 8

scheinlichkeit von $P = 5\%$ überschreiten sechs Kreise diese Wahrscheinlichkeitsgrenze und weichen von der aus dem Trend abgeleiteten Ernte mit mehr als 11,62 dz ab.

Tab. 9 zeigt die aus dem Trend der Ernten je ha und der mittleren Linie des Ackerflächenverhältnisses abgeleiteten theoretischen Werte.

Im großen und ganzen zeigt sich auch bei der Luzerne: Als typisch für die Beziehungen zwischen Ackerzahlen und Durchschnittserträgen kann angesehen werden, daß nur geringfügige Unterschiede in den Ernteerträgen vorkommen. Bis 65 zeigen sich deutliche, wenn auch geringe Zunahmeraten, bei höheren Ackerzahlen wird eine geringe Abnahme ersichtlich, die darauf zurückzuführen sein dürfte, daß die Kreise mit den besten Böden meist verhältnismäßig geringe Niederschläge besitzen. Zunächst streuen sowohl nach unten wie nach oben verhältnismäßig stark alle Kreise, in denen der Luzerneanbau nur einen unverhältnismäßig geringen Teil der Ackerfläche einnimmt. Es muß angenommen werden, daß hier die Ernteergebnisse keine große Sicherheit be-

Tabelle 9

Luzerne

Ackerzahlen	Aus dem Trend abgeleitete Ernte		Anteil an der Ackerfläche	
	dz/ha	Ab- u. Zunahmeraten	in %	Änderungsraten
25	55,2	—	0,7	—
30	57,1	+ 1,9	0,8	0,1
35	58,7	+ 1,6	1,0	0,2
40	59,9	+ 1,2	1,2	0,2
45	61,1	+ 1,2	1,5	0,3
50	62,0	+ 0,9	1,8	0,3
55	62,7	+ 0,7	2,3	0,5
60	63,1	+ 0,4	3,0	0,7
65	63,4	+ 0,3	4,2	1,2
70	63,3	— 0,1	5,2	1,0
75	63,0	— 0,3	5,9	0,7
80	62,6	— 0,4	6,3	0,4

sitzen, weil sich der Einfluß weniger besonders gut geleiteter Betriebe bemerkbar macht oder der geringe Luzernebau sich auf einige Gemeinden beschränkt, in denen besonders günstige Lagen für die Luzerne vorhanden sind. Die Kreise mit einem größeren Umfange des Luzerneanbaues liegen fast durchweg innerhalb der mittleren Abweichung.

Die Erntestatistik faßt *Klee und Kleegras* zusammen. Daher mußten die statistischen Durchschnittsernten für Klee und Kleegras gemeinsam zu den Ackerzahlen in Beziehung gesetzt werden. Bild 9 und Tab. 10 zeigen die Ergebnisse der in der üblichen Weise durchgeführten Berechnungen und Ableitungen.

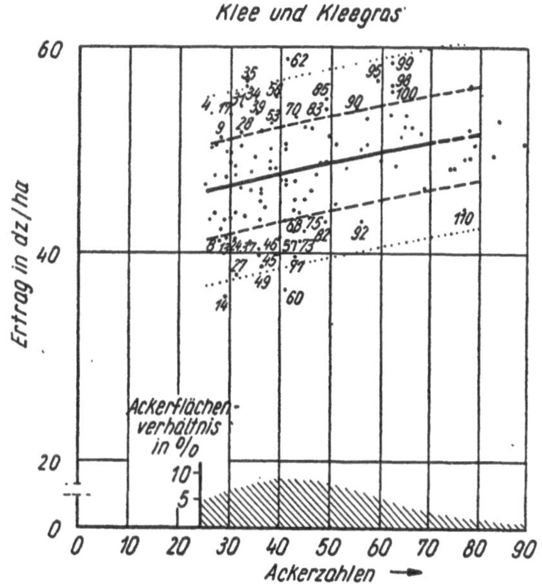

Bild 9

Auch die Ernten von Klee und Kleegras unterliegen einer geringen Gesamtschwankung. Der Unterschied zwischen der niedrigsten und der höchsten Kreisdurchschnittsernte mit 6,1 dz/ha beträgt nur 12% des Höchstertrages von 52 dz/ha und ist damit wenig größer als die mit 4,55 dz errechnete mittlere Abweichung. (37 Kreise = 31,4% liegen außerhalb der mittleren Abweichung.) Die Grenzwahrscheinlichkeit überschreiten fünf Kreise mit einer Differenz von 9,01 dz/ha zu der aus dem Trend abgeleiteten Ernte.

Tabelle 10

Klee und Kleegras

Ackerzahlen	Aus dem Trend abgeleitete Ernte		Anteil an der Ackerfläche	
	dz/ha	Zunahmeraten	in %	Änderungsraten
25	45,8	—	5,0	—
30	46,4	0,6	6,8	+ 1,8
35	47,1	0,7	8,3	+ 1,5
40	47,6	0,5	8,9	+ 0,6
45	48,2	0,6	8,8	— 0,1
50	48,7	0,5	8,3	— 0,5
55	49,3	0,6	7,2	— 1,1
60	49,8	0,5	5,6	— 1,6
65	50,3	0,5	4,1	— 1,5
70	50,9	0,6	3,0	— 1,1
75	51,4	0,5	2,1	— 0,9
80	51,9	0,5	1,4	— 0,7

Der Anteil des Klees und Kleegrases an der Ackerfläche steigt zunächst bis zu Ackerzahlen von etwa 40, um von da ab hauptsächlich wohl infolge der Verdrängung durch Luzerne wieder stark abzunehmen. In den Anbauzahlen der beiden Futterpflanzen kommt die allmählich wachsende Kleefähigkeit und die erst später einsetzende Luzernefähigkeit der nach steigenden Ackerzahlen gruppierten Böden zum Ausdruck. Folgen jedoch die Anbauzahlen der Klee- und der Luzernefähigkeit, so war zu erwarten, daß die durchschnittlichen Ernteerträge der Kreise keine allzu großen Schwankungen aufweisen. Besonders stark fällt der Kreis Demmin (60) nach der negativen Seite heraus, dazu von den stärker kleebauenden Kreisen die Kreise Oberbarnim (45), Neubrandenburg (49), Rügen (68), Wismar (71), Malchin (73), Grimmen (75), Güstrow (57) und Hagenow (37). Hier mag das Vorherrschen des Kleegrasbaues und teilweise ungenügende Kleefähigkeit eine Rolle spielen; hinzukommen mag, daß in zahlreichen Fällen der Klee zweijährig angebaut wird. Von Kreisen mit geringer Ackerzahl fällt noch der Kreis Spremberg (14) stark nach der negativen Seite aus. Wesentlich bessere Ergebnisse, die erheblich über der theoretischen Trendlinie liegen, besitzen die Kreise Gera (62), Saalfeld-Rudolstadt (31), Meiningen (34), Oschatz (95), Döbeln (98), Zittau (85) und Aue (9), Kreise, die wahrscheinlich auch im Durchschnitt eine besonders gute Rotkleefähigkeit aufweisen.

Abschließend hat sich für die beiden wichtigsten Ackerfutterfrüchte, die Luzerne und den Klee mit Kleegras, ergeben, daß sie sich in ihrem Anteil an der Ackerfläche gegenüber den im Verhältnis zu den in den Ackerzahlen zum Ausdruck gelangenden natürlichen Ertragsbedingungen komplementär verhalten. Bis zu Ackerzahlen von etwa 50—55 herrschen zunächst Klee und Kleegras vor, sie nehmen mit weiterer Verbesserung der natürlichen Ertragsbedingungen allmählich ab. Der Luzernebau beginnt praktisch erst bei Bodenzahlen von etwa 50 an und erhöht sich dann regelmäßig, um etwa bei Ackerzahlen von 65—70 den Kleebau fast vollständig zu verdrängen.

In bezug auf die Ernten zeigte sich, daß sehr ins Gewicht fallende Schwankungen der Hektarerträge des Ackerfutterbaues nicht vorliegen, wenn auch schwache Zunahmen der Ernten mit höherwerdenden Ackerzahlen zu verzeichnen sind. Andere Blattfrüchte als die beiden Hauptfrüchte des Feldfutterbaues, die Kartoffeln und die Zuckerrüben, letztere allerdings ohne Ergebnis, konnten wegen der unzureichenden Gliederung der Erntestatistik oder wegen des gar zu geringen Anteils der betr. Kulturen an der Ackerfläche nicht untersucht werden. Die für die Blattfrüchte gewonnenen Ergebnisse beruhen also auf einer wesentlich schmaleren Grundlage als beim Getreide. Immerhin kann für die untersuchten Blattfrüchte zusammenfassend folgendes über die Beziehungen zwischen Kreisdurchschnittsernten und den Ergebnissen der Bodenschätzung festgehalten werden:

1. Mit zunehmenden Ackerzahlen steigen die Ernteerträge der untersuchten Blattfrüchte (mit Ausnahme der Zuckerrüben) an.
2. Die Zunahmeraten der Ernteerträge steigen bei den Blattfruchtarten (mit Ausnahme der Zuckerrüben), im Gegensatz zu den Getreidearten, linear an, d. h., die Zunahmeraten sind in den Bereichen hoher und niedriger Ackerzahlen gleich groß.
3. Die Zunahmeraten sind bei den Blattfrüchten im Verhältnis zu den absoluten Ernteerträgen je ha niedrig, wenigstens viel niedriger als beim Getreide.
4. Damit ergibt sich eine Erklärung dafür, daß der Anteil der einzelnen Blattfrüchte an der Ackerfläche in viel stärkerem Maße von ökonomischen Ertragsfaktoren abhängt als von den natürlichen, wenn von extremen Verhältnissen abgesehen wird. Bilden also neben dem Anteil an natürlichem Grünland Umfang und Organisation der Nutzviehhaltung die entscheidenden Faktoren für die Ausdehnung des Feldfutterbaues, bestimmt — im Verein mit den Fortschritten der Mechanisierung — die Arbeitskapazität der Betriebe den Umfang des Hackfruchtbaues und beschränken sich daher die Halmfrüchte auf die Flächen, die von der aus hauptsächlich ökonomischen Gründen bestimmten Anbaufläche der Blattfrüchte nicht eingenommen werden, so muß dann der Ernteertrag des Getreides besonders stark von den natürlichen Ertragsfaktoren abhängig sein. Das kommt in den beim Getreide

relativ höheren Zunahmeraten bei steigenden Ackerzahlen deutlich zum Ausdruck. Hand in Hand geht mit diesen Tendenzen, daß besonders für die Hackfrüchte, sicher aber auch für die hauptsächlichsten Ackerfutterpflanzen eine bevorzugte Auswahl der geeignetsten Ackerflächen erfolgt, womit natürlich die Ertragsspannen gegenüber den als durchschnittlich angenommenen Bonitäten kleiner werden müssen. Das hat für Deutschland um so größere Bedeutung, weil die Zahl der Betriebe oder Gemeinden oder ganz und gar der Kreise mit einheitlichen Bodenverhältnissen sehr gering ist.

Der Versuch, die Roherträge oder die Flächenproduktivität von Ackerländereien verschiedener Bonität festzustellen, mußte zunächst davon ausgehen, zumindest die Ertragstendenzen der wichtigsten Ackerfrüchte im einzelnen festzustellen. Dabei haben sich wenigstens für die Hauptgruppen einheitliche Tendenzen ergeben; sie ließen deutlich werden, daß neben den natürlichen Ertragsfaktoren auch die ökonomischen Ertragsbedingungen großen Einfluß ausüben. Die Produktivität des Ackerlandes wird aber vor allen Dingen durch den Anteil bestimmt, den die einzelnen Kulturpflanzen an der Ackerfläche besitzen. Das Ackerflächenverhältnis oder der Anteil der verschiedenen Fruchtarten bildet sich, wie aus den Anbaurelationen hervorgeht, aus dem Wettstreit um die besten Ertragsrelationen. Dieses Ackerflächenverhältnis ist seinerseits wieder die Grundlage für bestimmte Fruchtfolgen. Beide besitzen die natürlichen Ertragsfaktoren als bestimmende Grundlage, und zwar um so stärker, je mehr Bodenbeschaffenheit, Klima und andere natürliche Ertragsfaktoren die Vielseitigkeit des Anbauverhältnisses einschränken. Je mehr aber durch immer günstiger werdende natürliche Ertragsbedingungen der Zwang zur Einseitigkeit aufgehoben wird, desto mehr gewinnen die ökonomischen Ertragsbedingungen an Bedeutung, ein um so größerer Anteil an der Ackerfläche kann den ertragreichsten und anspruchvollsten Kulturpflanzen eingeräumt werden. Die Beziehung der Erträge der einzelnen Fruchtarten zu den Ackerzahlen kann daher der Frage nach der Produktivität des Ackerlandes nicht gerecht werden. So bleibt also als letztes Problem zu untersuchen, was die Ergebnisse der Bodenschätzung im Hinblick auf die gesamte pflanzliche Produktion des Ackerlandes aussagen, so wie sie sich als Resultat der natürlichen und ökonomischen Ertragsfaktoren aus dem gewogenen Mittel der Ernteerträge der Kulturpflanzen ableiten läßt.

VI. Ertrag der gesamten pflanzlichen Produktion des Ackerlandes

Nach BOGUSLAWSKI[1]) wirken auf die Produktivität des Standortes und sein Ergebnis, die durchschnittliche Ertragsfähigkeit, vier Hauptfaktoren ein:

1. Die ursprüngliche Fruchtbarkeit des Bodens, die ein Ergebnis des Zusammenwirkens von Bodenentstehung, Bodenart und Bodentyp ist (im Rahmen der Bodenschätzung konkretisiert durch die Bodenzahl);
2. das Klima (im Rahmen der Bodenschätzung berücksichtigt durch Ab- und Zurechnungen bei der Bodenzahl);
3. die Fruchtarten und Fruchtfolge, die in Wechselwirkung zu dem Klima und der ursprünglichen Fruchtbarkeit des Bodens stehen;
4. die sonstige Bewirtschaftung des Bodens, Ent- und Bewässerung, Bearbeitung und Düngung. (Die Bodenschätzung berücksichtigt in der Boden- und damit auch in der Ackerzahl die Verhältnisse der Ent- und Bewässerung, ihre Bedeutung kommt in den Zustandsstufen zum Ausdruck.)

Folgt man BOGUSLAWSKI darin, daß die durchschnittliche und nachhaltige Ertragsfähigkeit von den genannten vier Faktoren abhängt, so ergibt sich, daß neben den natürlichen Ertragsfaktoren auch eine Reihe wirtschaftlicher Ertragsfaktoren von Bedeutung ist. Die entscheidende Rolle spielt das Ackerflächenverhältnis der Fruchtarten.

Für die vorliegende Untersuchung kann angenommen werden, daß bei Gliederung der Erträge nach Ackerzahlen und bei Zugrundelegung der Jahre 1934 bis 1939 die meisten sonstigen ertragsbildenden Faktoren, so auch Bearbeitung, Mechanisierungsgrad und Düngung weitgehendst ausgeglichen sind.

Wenn bisher versucht wurde, die Ernteerträge der einzelnen Fruchtarten zu den Ackerzahlen der Bodenschätzung in Beziehung zu setzen, so wurden eben zunächst die wirtschaftlichen Ertragsfaktoren, wie Ackerflächenverhältnis und Fruchtfolge, nicht berücksichtigt. Das ist aber für die Feststellung der Gesamtertragsfähigkeit unerläßlich. Die Untersuchung der Beziehungen der einzelnen Fruchtarten zu den Ergebnissen der Bodenschätzung mußte das gemeinsame Wirken natürlicher und ökonomischer Ertragsfaktoren bewußt vernachlässigen. Erst die Zusammenfassung aller Fruchtarten des Ackerlandes ermöglicht es, das Zusammenwirken sämtlicher Ertragsfaktoren zu untersuchen. Das Zusammenfassen hätte auf zwei Wegen geschehen können. Einerseits wäre es möglich gewesen, die vorliegenden Ernteerträge auf ihr Anbaugewicht im Jahre 1934 abzustimmen, also die Hektarerträge mit ihren Anteilen an der Ackerfläche zu multiplizieren und das Ergebnis in DM je ha etwa auf der Preisbasis von 1936 auszudrücken. Das hätte eine sehr starke Pro-

---

[1]) v. BOGUSLAWSKI: Bodenfruchtbarkeit vom Standpunkt des Ackerbauers. Hiltrup 1954.

jizierung der Ergebnisse auf die Verhältnisse des Jahres 1936 mit sich gebracht, ganz abgesehen davon, daß erhebliche Schwierigkeiten bei der Bewertung der sogenannten marktlosen Erzeugnisse, insbesondere aller verfütterten Ernteanteile, entstanden wären.

Für die vorliegende Untersuchung, deren Ziel es ist, die Tendenz der Ernteerträge bei wechselnden Ackerzahlen festzustellen, bot sich daher von selbst die Umrechnung der Ernten in Getreideeinheiten an. Der Umrechnungsschlüssel für Getreideeinheiten setzt bekanntlich die Gewichtseinheit Getreide mit 1 an und bewertet die Ernten der der menschlichen oder tierischen Ernährung dienenden sonstigen Kulturpflanzen nach ihrem Gehalt an Stärkeeinheiten im Vergleich zu dem des Getreides, wobei besondere Zuschläge für den Gehalt an Eiweiß erfolgen. Die übrigen Früchte werden nach Ertragsrelationen eingestuft. Da für die vorliegende Untersuchung eine feste Bindung an die Einteilung und die Ergebnisse der deutschen Erntestatistik der Jahre 1934 bis 1939 vorlag, mußte folgendermaßen verfahren werden:

1. *Alle Getreidearten.* Von den durchschnittlichen Ernten wurde 1 dz = 1 dz GE eingesetzt.
Buchweizen, der eine unverhältnismäßig geringe Rolle spielt, wurde ebenfalls wie Getreide behandelt.

2. *Alle Ölfrüchte.* Alle Ölfrüchte wurden zusammengefaßt, die in der Statistik angewiesene Rapsernte zugrunde gelegt und mit 1 : 2 dz GE bewertet.

3. *Hülsenfrüchte und Hülsenfruchtgemenge.* Der geerntete Doppelzentner wurde mit 1,2 GE bewertet.

4. *Hülsenfrüchte zur Futtererzeugung und sonstige Futterpflanzen.* Hierbei spielen die Klee-, Kleegras- und Luzerneerträge eine entscheidende Rolle. Die Statistik gibt den Ertrag in dz Heu an; er wurde mit 0,5 dz GE eingesetzt.

5. *Ackerweide* wurde mangels Ernteangaben mit 50 % der Futtererträge eingesetzt.

6. *Zuckerrüben.* Die Zuckerrüben sind nach dem GE-Schlüssel mit 0,25 zu bewerten. Um die Blatternte mit zu erfassen, wurde der Rübenertrag mit 0,33 dz GE eingesetzt.

7. *Futterrüben.* Der GE-Schlüssel sieht für Futterrüben 0,10 dz GE vor; um die Blatternte mit zu berücksichtigen, wurde für die vorliegende Untersuchung der Faktor 0,12 gewählt.

8. *Kohlrüben* wurden wie Futterrüben behandelt.

9. Für *Rübensamen*-Ernten liegen Ernteergebnisse der allgemeinen Erntestatistik nicht vor. Lediglich die Anbaufläche ist bekannt. Der Rübensamen wird nach der GE-Tabelle mit dem dreifachen seines Erntegewichts bewertet. Da die Ernteerträge unbekannt sind, wurden die Rübensamenerträge dem Zuckerrübenertrag ohne Blätter in GE gleichgesetzt (Zuckerrüben = 0,25 dz GE). 300 dz Zuckerrüben würden also einer Samenernte von 25 dz Rübensamen je ha entsprechen.

10. *Zichorie.* Auch hier fehlen in der Statistik die Ernteerträge; diese Früchte wurden daher wie Zuckerrüben ohne Blatt behandelt.

11. *Mohrrüben und sonstige Hackfrüchte für Futterzwecke* wurden den Futterrüben ohne Blätter gleichgestellt.

12. *Gemüse.* Auch für Gemüse sind nur die Anbauflächen bekannt. Hilfsweise wurde der Futterrübenertrag mit 0,20 dz GE bewertet. Es ist also unterstellt, daß die Gemüseflächen die doppelte Ernte in GE bringen wie die Futterrübenfläche.

13. *Mohn.* Die sehr unerhebliche Mohnfläche wurde der Raps- und Rübsenfläche zugerechnet.

14. *Hanf, Flachs, Arzneipflanzen u. a. Handelsgewächse.* Ernteangaben fehlen, hilfsweise wurden die Getreideerträge eingesetzt, und zwar mit 50% Aufschlag.

15. *Serradella.* Auch hier fehlen die Angaben über die Ernteerträge. Die Anbaufläche Serradella als Hauptfrucht ist ebenfalls äußerst gering. Zu einem annähernden Ergebnis dürfte führen, sie mit zwei Drittel der Roggenernte in GE einzusetzen.

16. *Brache* wurde mit 0 bewertet.

Unter Zugrundelegung dieser Verhältniszahlen ließ sich die pflanzliche Produktion aller von der Statistik erfaßten Fruchtarten in dz GE ausdrücken. Da die Ernteangaben für einige Ackerfrüchte fehlen, wurde dafür eine Surrogatrechnung eingeführt; es erschien wichtiger, wenigstens zu annähernd richtigen, als zu unvollständigen Zahlen zu gelangen. Die gesamte pflanzliche Produktion der Ackerflächen für jeden Kreis wird nunmehr als der Ernteertrag in dz GE zusammengefaßt. Hilfsweise angewendete Ertragsrelationen, die im einzelnen zuweilen nicht ganz zutreffen mögen, dürften auf den endgültigen Ertrag in dz GE nur von geringem Einfluß sein. Nach erfolgter Umrechnung aller Ernteerträge in dz GE je ha Ackerfläche für jeden Kreis, wieder auf der Basis der Jahre 1934 bis 1939, konnte in der gleichen Weise weiter verfahren werden wie mit den Ernteerträgen der einzelnen Fruchtarten.
Die Ernte in dz GE je ha Ackerfläche besitzt keine direkte Beziehung mehr zu den einzelnen Fruchtarten. Der Durchschnittsertrag in dz GE ist außer von dem Ernteertrag jeder einzelnen Feldfrucht maßgeblich von ihrem Anteil an der Ackerfläche abhängig. Da jede Kulturpflanze ihren eigenen Intensitätsanspruch besitzt, der in dem Aufwand an lebendiger und vergangener Arbeit, den sie erfordert, zum Ausdruck kommt, die Standortproduktivität aber durch die bereits festgestellten Beziehungen zu den Bodenschätzungsergebnissen und Ernteerträgen der einzelnen Fruchtarten bekannt ist, wurde den Durchschnittserträgen aller Feldfrüchte die gefundene Anbauintensität gegenübergestellt.

Hierfür eignen sich die Intensitätsziffern nach BLOHM[1]), die auch bis 1953 in den Betriebsplänen der Volkseigenen Güter verwendet wurden. Die errechnete Intensitätszahl ergibt auf klarer rechnerischer Grundlage eine gewisse Charakteristik über die Gestaltung der Organisation des Ackerlandes. Bei der Berechnung der Intensität der Ackerbewirtschaftung mußte eine Berücksichtigung der Veredlungswirtschaft und des Dauergrünlandes unterbleiben. Die Aufteilung der amtlichen Anbaustatistik machte für die vorliegende Untersuchung folgende Gliederung der Intensitätsziffern erforderlich:

Getreide	0,3
Kartoffeln	1,0
alle Rübenarten	1,5
Hülsen- und Ölfrüchte	0,5
Klee und Luzerne	0,2
einjährige Futterpflanzen	0,3
Handelsgewächse	1,0
Gemüse	2,5
Brache und Ackerweide	0,1

Die obige Übersicht weicht scheinbar von den Angaben BLOHMS für Klee und Luzerne mit einer Intensitätsziffer von 0,2 etwas ab. BLOHM wertet den Futterbau mit 0,3 und den zweijährigen Klee mit 0,1. Da aber Klee und Kleegras in der Erntestatistik zusammengefaßt werden, war es notwendig, diese Änderung vorzunehmen. Für Gemüse wurde eine Durchschnittsziffer von 2,5 gewählt. Die durchschnittliche Intensitätsziffer für jeden Kreis ist aus Übersicht 4 der Anlage zu ersehen.

Tabelle 11

Ernteerträge in dz GE

Ackerzahlen	Aus dem Trend abgeleitete Ernte		Intensitätszahlen	
	dz/ha	Zunahmeraten	absolut	Änderungsraten
25	22,6	—	50,0	—
30	24,2	1,6	49,4	— 0,6
35	25,7	1,5	49,0	— 0,4
40	27,2	1,5	48,8	— 0,2
45	28,8	1,6	49,0	+ 0,2
50	30,3	1,5	49,6	+ 0,6
55	31,8	1,5	50,8	+ 1,2
60	33,4	1,6	52,2	+ 1,4
65	34,9	1,5	53,8	+ 1,6
70	36,5	1,6	56,0	+ 2,2
75	38,0	1,5	58,4	+ 2,4
80	39,5	1,5	61,0	+ 2,6

[1]) BLOHM: Angewandte landwirtschaftliche Betriebslehre. Stuttgart 1950, S. 89.

Auf Grund der dargelegten Berechnungsunterlagen wurden auf Bild 10 die Ernteergebnisse in dz GE je ha als Punkte eingetragen und Trend 1 und 2 errechnet. Irgendwie ins Gewicht fallende Unterschiede ergaben sich bei

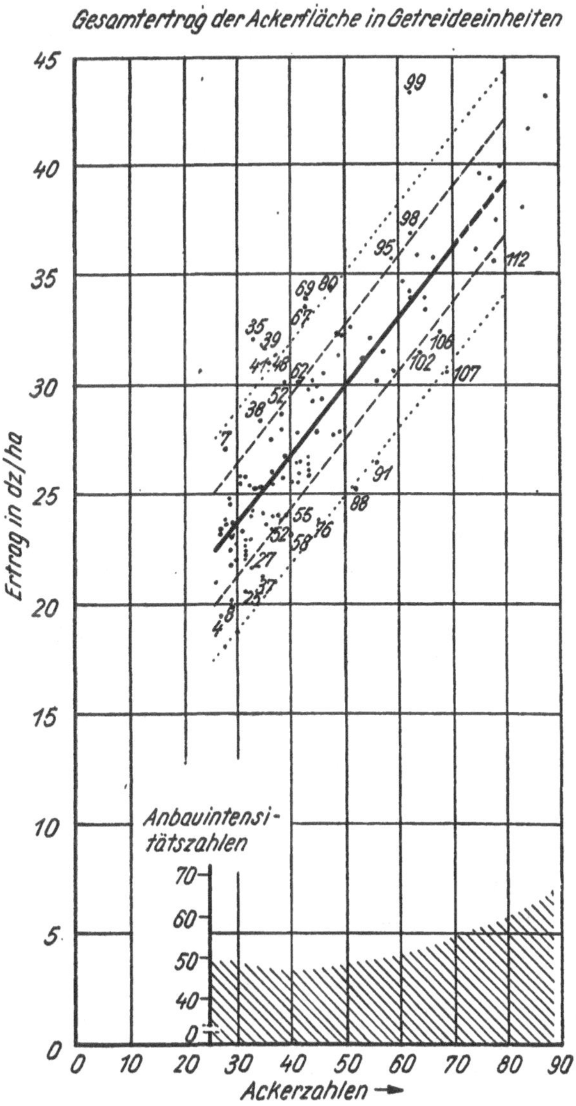

Bild 10

beiden Trendberechnungen nicht. Außerdem wurde aus den Intensitätsziffern der einzelnen Kreise die im unteren Teil des Bildes gezeichnete Trend der Intensitätsziffern festgestellt; aus beiden Kurven ist die Tab. 11 entwickelt worden.

Die Tab. 11 und das Bild 10 vermitteln für die Beziehungen zwischen GE-Erträgen und Ackerzahlen eindeutige Beziehungen.

1. Mit steigenden Ackerzahlen, d. h. mit wachsender Gunst aller natürlichen Ertragsfaktoren steigen unter Berücksichtigung nunmehr auch der in Ackerflächenverhältnis, Fruchtfolge u. a. zum Ausdruck kommenden wirtschaftlichen Ertragsfaktoren die GE-Erträge von rund 22 auf rund 40 dz/ha.
2. Die Steigerung ist linear. In jeder Abstufung von fünf zu fünf Ackerzahlen beträgt die Zunahmerate in dz GE 1,5 bis 1,6 dz/ha. Die kleinen Unterschiede zwischen 1,5 und 1,6 beruhen auf Abrundungen.

Die variationsstatistische Durchrechnung ergibt eine mittlere Abweichung von 2,58 dz/ha. Sie ist absolut etwas höher als beim Getreide, bezogen auf die Gesamtzunahme aber niedriger. 29 Kreise = 24,6% liegen außerhalb der mittleren Abweichung, ihre Anzahl ist also etwas geringer als bei der Mehrzahl der einzelnen Fruchtarten. Bei Zugrundelegung einer Grenzwahrscheinlichkeit von $P = 5\%$ zeigt sich, daß neun Kreise diese Wahrscheinlichkeitsgrenze überschreiten und GE-Erträge ausweisen, die um mehr als 5,10 dz/ha von der theoretischen Ernte abweichen, die aus dem Trend abgeleitet wurde. Die variationsstatistische Auswertung ergibt also, daß die Streuung der GE-Ergebnisse keineswegs geringer ist als die der einzelnen Fruchtarten.
An den so eindeutigen Beziehungen der sechsjährigen durchschnittlichen GE-Erträge je ha zu den Ackerzahlen der Bodenschätzung sind außer den natürlichen Ertragsbedingungen auch noch das Ackerflächenverhältnis der Fruchtarten u. a. wirtschaftliche Ertragsfaktoren beteiligt. Starker und ertragreicher Hackfruchtbau, der zu einer Erhöhung der Intensitätsziffern führen muß, bewirkt, daß sich die GE-Erträge beträchtlich über das Niveau der Getreideerträge erhöhen. Umfangreicher, aber ertragarmer Getreidebau muß zu niedrigen Erträgen in dz GE bei niedrigen Intensitätsziffern führen. Im Bild und der abgeleiteten Trendtabelle wurden daher die GE-Erträge den Intensitätsziffern gegenübergestellt. Für die Kreise mit den niedrigsten Ackerzahlen ist eine Intensitätsziffer von etwa 50 ermittelt worden, die bis zu Ackerzahlen von 40 leicht abnimmt. In den Kreisen mit Ackerzahlen von 45 an nehmen die Intensitätsziffern zu; sie enden bei den höchsten Ackerzahlen bei etwa 61. Die Ursache für dieses Verhalten der Intensitätsziffern dürfte darin liegen, daß der Kartoffelbau in den Kreisen mit niedrigen Ackerzahlen (vergleiche Bild 5) einen beträchtlichen Umfang besitzt. In den Kreisen mit schwach mittlerem Boden und Ackerzahlen von etwa 30—40 spielt der Futterbau, insbesondere der Kleegrasbau, eine größere Rolle, so daß eine leichte Abnahme der Intensitätsziffern eintritt. Von da ab treten mit steigenden Ackerzahlen wieder Kartoffeln, dann aber allerdings Zuckerrüben, Gemüse und Handelsgewächse immer stärker in den Vordergrund und bewirken damit ein stärkeres Anwachsen der Intensitätsziffern.
Setzt man den Verlauf der Intensitätsziffern, die im übrigen eine nicht unbeträchtliche Streuung besitzen, zu den GE-Erträgen in Beziehung, so zeigt

sich, daß im allgemeinen mit zunehmenden Intensitätsziffern nicht nur die natürliche Ertragsfähigkeit des Ackers wächst, sondern daß auch der GE-Ertrag ständig und gleichmäßig steigt. Die leichte Erhöhung der Intensitätsziffern bei niedrigen Ackerzahlen hat es nicht vermocht, die lineare Zunahme der Erträge auch in den niedrigen Ertragsklassen aufzuheben. Das Hauptergebnis der Untersuchung der Beziehungen zwischen den Ackerzahlen und den Ernteerträgen in dz GE/ha ist das lineare Ansteigen der Hektarerträge, das im übrigen höher ist als bei jeder einzelnen Fruchtart. Es wird bewirkt durch das Zusammenspiel der natürlichen Ertragsfaktoren und der wirtschaftlichen Ertragsbedingungen, für welche die Intensitätszahl als Maßstab angewendet wurde.

Die Bedeutung der Intensitätszahlen, d. h. insbesondere des relativen Anteils der Hackfrüchte an der Ackerfläche, wird besonders klar, wenn die stark streuenden Kreise analysiert werden.

Es folgt zunächst eine Tabelle über diejenigen Kreise, deren durchschnittliche GE-Erträge negativ streuen, also niedriger liegen als der theoretische Mittelwert.

Tabelle 12

Lfd. Nr.	Kreise	Ackerzahlen	Minderertrag dz GE/ha	Abweichung der Intensitätszahl
91	Gotha	56	5,5	+ 0,3
107	Mansfelder Gebirgskreis	69	5,4	− 4,6
88	Grevesmühlen	51	5,2	−11,9
76	Mühlhausen	45	4,9	− 5,0
37	Hagenow	34	4,0	− 5,5
25	Schweinitz	31	3,7	− 3,0
58	Schwerin	40	3,5	− 5,6
8	Annaberg	28	3,4	−10,0
4	Lübben	26	3,4	− 3,1
106	Langensalza	68	3,3	− 2,1
102	Sangershausen	64	3,0	− 2,0
112	Weißenfels	78	3,1	− 4,9
27	Liebenwerda	32	3,0	+ 1,1
55	Heiligenstadt-Worbis	39	2,8	− 2,1
52	Wittenberg	38	2,6	− 1,3

Die Tab. 12 zeigt, daß fast in allen Kreisen, in denen die Intensitätsziffern unterhalb des errechneten Trends liegt, auch ein wesentlicher Minderertrag in dz GE vorkommt. Was das Verhalten der Ernteerträge in GE zu den Ackerzahlen und die Intensitätsziffern nach Maßgabe der errechneten Trends bereits gezeigt haben, wird nunmehr aus einer Analyse der streuenden Kreise noch deutlicher: Die Organisation der Bewirtschaftung des Ackerlandes, hier ausgedrückt durch die Intensitätsziffern, ist neben dem Einfluß der natürlichen Ertragsfaktoren von entscheidender Bedeutung auf die Höhe der pflanzlichen Produktion. Die Kreise der Tabelle 12 streuen verhältnismäßig stark über das gesamte Gebiet der DDR. Eine Ausnahmestellung nimmt der Kreis Gotha ein; ein gewisses Schwergewicht liegt bei Kreisen mit Mittelgebirgscharakter, aber auch einige besonders ungünstige Kreise der norddeutschen Tiefebene fallen deutlich heraus. Das allgemeine Zahlenmaterial der Kreisstatistik reicht nicht dazu aus, um sichere Anhaltspunkte für die Ursachen der gefundenen Streuungen zu gewinnen, soweit sie außerhalb der angeführten Intensitätszahlen liegen.

Für die positiv streuenden Kreise folgt eine entsprechende Zusammenstellung.

Tabelle 13

Lfd. Nr.	Kreise	Ackerzahlen	Mehrertrag dz GE/ha	Abweichung der Intensitätszahl
99	Haldensleben	62	9,4	+ 8,3
35	Ost-Havelland	33	7,2	+13,3
39	Gardelegen	35	6,1	+12,6
69	Salzwedel	43	5,9	+10,5
67	Prenzlau	43	5,8	+ 1,7
48	Greifswald	37	5,2	+ 1,3
80	Stendal	47	5,1	+ 9,4
41	Anklam	36	5,1	+ 3,9
7	Sonneberg	27	4,0	+10,3
56	Jena	39	3,4	+ 3,5
38	West-Havelland	34	3,2	+ 7,6
98	Döbeln	62	3,0	− 3,8
95	Oschatz	59	2,7	− 1,4
62	Gera	41	2,6	+ 2,4

Mit Ausnahme der Kreise Oschatz und Döbeln bestätigt sich auch hier die Tendenz, daß Intensitätsziffern, die über dem Trend liegen, zu Steigerungen der GE-Erträge über das Maß der errechneten durchschnittlichen Ertragsfähigkeit hinausführen. Eine Ausnahme bilden die Kreise Oschatz und Döbeln, in denen der Futterbau (Klee und Luzerne 11—14%, Futterrüben 4,6—5,8%) eine sehr erhebliche Rolle spielt. Auch sind die Ernteerträge des Ackerfutterbaues und der Futterhackfrüchte bemerkenswert hoch. Diese Verhältnisse werden offenbar durch die angewendeten Intensitätsziffern nicht zutreffend erfaßt. Im übrigen sagen die positiven Streuungen das gleiche aus wie die negativen. Eine über den Durchschnitt hinausgehende Intensität in der Gestaltung des Ackerflächenverhältnisses, d. h. hauptsächlich steigender Anteil der Hackfrüchte und der hackfruchtähnlichen Früchte, bewirkt eine eindeutige und klare Erhöhung der pflanzlichen Gesamtproduktion.

Die an die Streuung der Ernteergebnisse anknüpfenden Erwägungen führen dazu, daß sich eine noch engere Anpassung der Ernteerträge in GE an die Ackerzahlen ergäbe, wenn nicht ökonomische Faktoren gewissermaßen störend aufträten. Ihre Bedeutung ist keinesfalls zu unterschätzen. Für die entscheidenden Spitzenleistungen kommt es schließlich darauf an, auf geeigneten Standorten die Intensität so weit zu steigern, daß sich die Produktivität der Ackerflächen voll entfalten kann.

Zusammenfassend betrachtet, gliedern sich die Beziehungen der Hektarerträge des Ackerbaues, soweit sie untersucht werden konnten, zu steigenden Ackerzahlen der Bodenschätzung in drei Gruppen:

1. Halmfrüchte mit durchweg steigender Tendenz der Erträge bei höherwerdenden Ackerzahlen, aber mit abnehmenden Zunahmeraten.
2. Blattfrüchte mit wesentlich geringeren, aber meist gleichbleibenden Zunahmeraten. An den Ertragsunterschieden wird zwar der Einfluß der natürlichen Ertragsfaktoren deutlich erkennbar, er ist aber wesentlich schwächer als beim Getreide. Offensichtlich spielen bei den Blattfrüchten ökonomische Faktoren für die Tendenzbildung schon eine bedeutende Rolle.

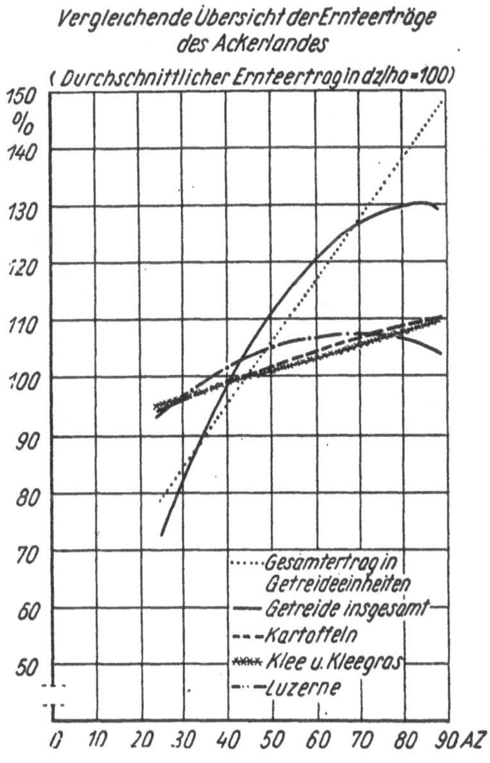

Bild 11

3. Die Zusammenfassung von Blatt- und Halmfrüchten, ausgedrückt in dz GE/ha, ergibt mit steigenden Bodenzahlen gleichmäßige und verhältnismäßig hohe Zunahmeraten.

Bild 11 stellt diese Tendenzen in Ertragskurven dar, die auf das Ertragsmittel jeder Fruchtart = 100 bezogen sind.

Hiermit liegt das vorläufige Endergebnis der durchgeführten Untersuchung vor. Die Feststellungen gipfeln darin, daß jede Fruchtart, isoliert betrachtet, ihre eigene Tendenz der Ernteerträge zu den Ackerzahlen als dem zahlenmäßigen Ausdruck der von der Bodenschätzung erfaßten Einflüsse aller natürlichen

Ertragsfaktoren besitzt. Um die Tendenz zu verdeutlichen, wurden der Trend der Ernteerträge und die Mittellinie der Ackerflächenverhältnisse ermittelt und auch zahlenmäßig dargestellt. Ein erheblicher Teil der vorhandenen Streuungen und Abweichungen konnte aus der Unzulänglichkeit des Materials erklärt werden. Nicht zu klären war aber ein anderer, allerdings wohl kleinerer Teil, der darauf hindeutet, daß die angewandte Methode noch eingehend überprüft werden muß und daß von erweiterten Feststellungen sicherere Ergebnisse erwartet werden dürfen, besonders wenn Bezirke mit einheitlichem Klimaablauf oder mit einfach abgestuften Bodenverhältnissen innerhalb gleicher Entstehungs- oder Bodenarten untersucht werden könnten.

Werden aber die durchschnittlichen Ernteerträge aller Fruchtarten der Ackerfläche untersucht und in dz GE ausgedrückt, so ergibt sich eine offensichtlich stark gesicherte Tendenz im Verhältnis zu den Ackerzahlen der Bodenschätzung. Es zeigt sich, daß die den einzelnen Fruchtarten innewohnende Reaktion auf veränderte natürliche Ertragsbedingungen durch die neu auftretenden ökonomischen Faktoren aufgehoben wird. Die Landwirtschaft trägt und muß laufend durch die Gestaltung des Anbauverhältnisses der Ackerfläche den voneinander grundverschiedenen Ertragstendenzen der Halmfrüchte einerseits und der Blattfrüchte andererseits Rechnung tragen. Das Ergebnis des Zusammenwirkens der erfaßten ökonomischen und natürlichen Ertragsfaktoren zeichnet sich ab in den gegenüber der angenommenen Besserung der natürlichen Ertragsbedingungen proportional steigenden Ernteerträgen; dabei spielt der Übergang von den extensiven zu den intensiven Blattfrüchten die Hauptrolle. Steigende pflanzliche Produktion zeigt sich an steigender Intensität, steigende Intensität ist aber im allgemeinen an bessere natürliche Ertragsbedingungen gebunden. Diese Tendenzen ergeben sich auf Grund statistischer Unterlagen aus der allgemeinen Anbau- und Erntestatistik für die Ackerflächen der Deutschen Demokratischen Republik aus den Jahren 1934 bis 1939. Daher können die gewonnenen Relationen auch nur einen Ausgangspunkt für weitere Arbeiten bilden, die den gegenwärtigen und zukünftigen Verhältnissen zu gelten hätten. Immerhin lassen sich doch — wenn auch mit gewissen Einschränkungen — gewisse allgemeine Schlußfolgerungen ziehen.

VII. Schlußfolgerungen

Für die Untersuchung der Beziehungen zwischen den Ergebnissen der Bodenschätzung, den Ernteerträgen und dem Anbauverhältnis des Ackerlandes mußte zwangsläufig auf die Ergebnisse der amtlichen Statistik zurückgegriffen werden, weil anderes Material nicht zur Verfügung steht. Dadurch wurde es notwendig, auch die durchschnittlichen Ackerzahlen für die alten Landkreise, nach der die Statistik der Jahre 1934 bis 1939 gegliedert ist, zu ermitteln. Diese Kreisdurchschnitte besitzen für alle untersuchten Fragen nur eine bedingte Beweiskraft, weil in ihrem Durchschnitt in der Regel recht unterschiedliche natürliche Ertragsbedingungen zum Ausdruck kommen. Das hätte bei der Untersuchung von Gemeinden oder Betrieben vermieden werden können. Immerhin geben die sechsjährigen Kreisdurchschnitte eine gewisse Sicherheit dafür, daß einmal der Faktor Witterungsverlauf des einzelnen Jahres, dann aber auch ökonomische Faktoren, soweit sie störend auf die Problematik „Ernteerträge : natürliche Ertragsfähigkeit" einwirken, verhältnismäßig weitgehend ausgeschaltet worden sind. Um aber die damit gewonnene Einengung der Problematik noch weiterzuführen, wurden die dem Zahlenmaterial innewohnenden Tendenzen durch Trendberechnungen noch weiter vereinfacht und schließlich ohne Rücksicht auf alle sonstigen Unterschiede in den Erzeugungsbedingungen der einzelnen Kreise endlich die aus dem Trend abgeleiteten Ernten den Ackerzahlen und dem zuzuordnenden Ackerflächenverhältnis gegenübergestellt. So ergibt sich, daß verschiedene, auf die nachhaltige Ertragsfähigkeit des Ackerlandes einwirkende Faktoren, wie das Grünlandverhältnis, grundsätzliche Unterschiede in den klimatischen Verhältnissen und in den Bodenarten, verschiedener Stand der Technik in den einzelnen Gebieten der DDR und andere ökonomische Ertragsfaktoren nicht berücksichtigt werden konnten. Daher ist wohl anzunehmen, daß die Ernteerträge und Anbaurelationen, soweit sie in absoluten Zahlen ausgedrückt wurden, keinen sicheren Aussagewert besitzen, zumal inzwischen eine Zeitspanne von 20 Jahren mit umwälzenden ökonomischen Wandlungen verflossen ist. Dagegen dürfen die Tendenzen als gesichert gelten, welche die Ernteerträge und Anbaurelationen zu den Ackerzahlen der Bodenschätzung besitzen. Sie wurden als zahlenmäßiger Ausdruck der Bodenfruchtbarkeit unter Einbeziehung der klimatischen Verhältnisse, der Wasserverhältnisse und der Geländegestaltung behandelt, kurz als Maßstab für die absolute natürliche Erzeugungskraft der Standorte.

Für weitere Schlußfolgerungen kann es sich daher nur um die Frage handeln, welche Bedeutung die festgestellten grundsätzlichen Tendenzen besitzen.

1. *Für die Bodenschätzung*

Kasch[1]), Matz[2]), Petersen[3]), Rübensam[4]) und andere betonen bei ihren Stellungnahmen zu den Wertzahlen der Bodenschätzung, daß es sich um Reinertragsverhältniszahlen handele und daß für viele Zwecke, so insbesondere für die Agrarplanung, Rohertragsverhältniszahlen ungleich wichtiger seien. Wir haben festgestellt, daß die einzelnen Fruchtarten des Ackerlandes keineswegs einheitliche Ertragstendenzen im Verhältnis zu den Ackerzahlen der Bodenschätzung besitzen, sondern daß sich wesentliche Unterschiede besonders zwischen Blatt- und Halmfrüchten nachweisen lassen. Wieder anders verhalten sich die Hektarerträge der gesamten pflanzlichen Produktion in Getreideeinheiten, für die mit Sicherheit nachgewiesen werden konnte, daß durch das Zusammenwirken natürlicher und einiger ökonomischer Ertragsbedingungen proportionale Zunahmeraten im Verhältnis zu gleichmäßigen Steigerungen der Ackerzahlen vorhanden sind. Daraus wurde der Schluß gezogen, daß die Ackerzahlen der Bodenschätzung in erheblichem Umfang auch die Tendenz von Rohertragsverhältniszahlen besitzen. Das gilt mit der Einschränkung, daß man die in GE errechnete Gesamtmenge der pflanzlichen Produktion des Ackerlandes als Rohertrag ansieht. Eine geldliche Abrechnung der pflanzlichen Produktion oder von betriebswirtschaftlichen Roherträgen unter Berücksichtigung der Veredlungswirtschaft führt voraussichtlich zu anderen, je nach dem Stand der Preisrelationen der landwirtschaftlichen Erzeugnisse voneinander verschiedenen Verhältniswerten.

Darüber, wie die Reinerträge der Bodenschätzung im einzelnen errechnet worden sind, geben weder das Gesetzeswerk noch die dazu erschienenen Abhandlungen hinreichend Auskunft. Hierzu wird sowohl von Rothkegel wie von Herzog immer wieder auf die Schwierigkeiten hingewiesen, aus konkreten Buchführungsergebnissen Reinertragsverhältniszahlen abzuleiten. Nur die kurzen Hinweise im Schrifttum zur Frage der Rohertragskoeffizienten erlauben einen bescheidenen Einblick.

Rothkegel[5]) bezeichnet als Rohertragskoeffizienten das Verhältnis des Rohertrages zum Reinertrag, und gibt in einer nach Bodenklimazahlen geordneten Übersicht an, welche Anteile der Reinertrag in zehn Stufen von Bodenklimazahlen am Rohertrag besitzt. Hieraus kann man unter Zugrundelegung des für die Einheitsbewertung 1935 festgesetzten Spitzenreinertrages von 210 DM/ha die Roherträge der verschiedenen Ertragsstufen ableiten. Sie schwanken zwischen 700 DM/ha bei Ackerzahlen von 100 und rund 200 DM/ha bei Acker-

---

[1]) Kasch: Bodenschätzung und Agrarplanung in: Die Deutsche Landwirtschaft, Jg. 4, 1953, S. 534.

[2]) Matz: Die Bodenschätzung als Grundlage für eine Normativbesteuerung der Landwirtschaft in: Die Deutsche Finanzwirtschaft, Jg. 7, 1952, S. 240.

[3]) Petersen: Die neue Rostocker Grünlandschätzung. Berlin 1952.

[4]) Rübensam: Landwirtschaftliche Produktionsplanung auf der Grundlage einer Rohertragsbonitierung, Sonderdruck 1953.

[5]) Rothkegel: Landwirtschaftliche Schätzungslehre. 2. Aufl. Stuttgart 1952, S. 129 ff.

zahlen von 15. Die Abnahmeraten bewegen sich bei sinkenden Bodenklimazahlen, wenn man von den Extremen absieht, also bei Bodenklimazahlen zwischen 80 und 30, zwischen 55 und 65 DM ja ha; sie sind trotz einer leichten Zunahmetendenz also ungefähr gleich hoch. Daraus kann geschlossen werden, daß jedenfalls bei Aufstellung der Tabelle[1]) über den Rohertragskoeffizienten die Auffassung vorherrschend war, daß sich — von Extremen abgesehen — die Roherträge einigermaßen proportional zu den Reinerträgen verhalten. Die immerhin vorhandenen Abweichungen können darauf beruhen, daß beim Rohertragskoeffizienten von betriebswirtschaftlichen Geld-Roherträgen ausgegangen wurde und die damaligen Preisrelationen zwischen Vieh- und Ackerbauerzeugnissen berücksichtigt werden mußten. Jedoch sind die Abweichungen von einem streng proportionalen Verhältnis der Rohertragsunterschiede zu den Bodenklimazahlen klein.

Im großen und ganzen ergibt sich aus diesem kleinen Einblick in die Abstufung der bei der Feststellung der Wertzahlen zugrunde gelegten Roherträge, daß man im Jahre 1928 der Auffassung war, die Roherträge verhielten sich einigermaßen proportional zu den Reinerträgen.

Daran ändert auch nichts, daß Rothkegel in seiner Tabelle über den Rohertragskoeffizienten von Bodenklimazahlen ausgegangen ist. Nach den Erläuterungen zum Grünlandschätzungsrahmen entsprechen die Grünlandzahlen den Wertzahlen des Ackerschätzungsrahmens; auch sie verhalten sich proportional zu den Roherträgen, das gleiche gilt für die Roherträge schwerer Böden, die Rothkegel gesondert aufführt.

Damit wird unser Ergebnis bestätigt, das als entscheidende Tendenz zeigte, daß einer Steigerung der Ackerzahlen proportionale Zunahmeraten der pflanzlichen Produktion in ihrer Zusammenfassung entsprechen. Die nicht allzu wesentlichen Unterschiede mögen darin ihre Erklärung finden, daß Rothkegel in Geld, wir aber mit Getreideeinheiten gerechnet haben. Folgern wir aber aus unseren Ergebnissen, daß die Reinertragsverhältniszahlen der Bodenschätzung im Bereich normaler Fehlergrenzen gleichermaßen auch die Tendenz von Rohertragsverhältniszahlen besitzen, so muß doch die Einschränkung gemacht werden, daß sie nur mit Hilfe der Umrechnung der pflanzlichen Produktion auf Getreideeinheiten gefunden wurde. Preise unterliegen aber ökonomischen Einflüssen, mit ihnen verändern sich auch die Preisrelationen der Erzeugnisse zueinander. Damit kann aber das Maß der Zunahmeraten der Roherträge entscheidend beeinflußt werden. Die Abstufung der geldlichen Roherträge bei unterschiedlicher Höhe der absoluten natürlichen Erzeugungskraft ist also neben den sich proportional verhaltenden durchschnittlichen Mengenerträgen abhängig von den Preisrelationen der landwirtschaftlichen Erzeugnisse zueinander.

[1]) Sie befindet sich bereits in der 1928 als 10. Sonderheft der Berichte über Landwirtschaft erschienenen Abhandlung von Rothkegel und Herzog: Das Verfahren der Reichsfinanzverwaltung bei der Bewertung landwirtschaftlicher Betriebe.

Im Verlauf unserer Untersuchungen war an verschiedenen Stellen festzustellen, daß einzelne Kreise nicht unbeträchtliche Abweichungen aufweisen. Die Abweichungen konnten z. T. daraus erklärt werden, daß Kreisdurchschnitte der Aufgabe, Ernteerträge und wechselnde natürliche Ertragsverhältnisse gegenüberzustellen, nicht voll gerecht werden. Es blieben aber immerhin noch eine ganze Reihe weiterer, nicht im einzelnen geklärter Abweichungen bestehen. Daher ist erforderlich, mit vergrößertem Material weiterzuarbeiten, das es vor allen Dingen erlaubt, Bezirke gleichgerichteter Bodenabstufungen und einheitlichen Klimas zu untersuchen. Es kann erwartet werden, daß sich dann eine feinere und sicherere Abstufung ergibt, und es dürfte damit zu rechnen sein, daß verschiedene Gebiete etwa gleicher Reinertragsverhältniszahlen zwar in sich proportional abgestufte, aber im Niveau unterschiedliche Rohertragsverhältniswerte aufweisen. Diese Annahme liegt besonders nahe für gleichbewertete Sand- und schwere Verwitterungsböden, besonders wenn die Roherträge in Geld ausgedrückt werden. Weitere Abweichungen können ihre Erklärung dadurch finden, daß die Ernteergebnisse nicht zutreffend ermittelt worden sind; ebenso besteht die Möglichkeit, daß auch die Ergebnisse der Bodenschätzung fehlerhaft sind. Daher erwächst für die weitere Arbeit auf diesem Gebiet die Aufgabe, den angedeuteten Fragenkomplex zu vertiefen. Sowohl für die Weiterentwicklung der Bodenschätzung, letzten Endes aber auch für die Methodik der Ernteschätzung, dürften sich neue Gesichtspunkte ergeben.
Konnte aber im Ergebnis festgestellt werden, daß die Reinertragsverhältniszahlen proportional zu den Roherträgen verlaufen, so muß es bei dem Problem „Rohertrags- oder Reinertragsbonitierung der Ackerflächen“ zunächst mehr darauf ankommen, die nun einmal vorhandene Bodenschätzung auf ihre Leistungsfähigkeit hin weiter zu überprüfen, als sie schon jetzt durch eine Neubonitierung zu ersetzen.
Wir glauben aber auch darüber hinaus, den entscheidenden Ansatzpunkt zu § 13 des Bodenschätzungsgesetzes gefunden zu haben, der eine Überprüfung der Ergebnisse in Zeitabständen von längstens 20 Jahren verlangt. Sie soll sich darauf erstrecken, ob und in welchem Umfang sich das Ertragsverhältnis der verschiedenen Böden der einzelnen Gebietsteile zueinander verschoben hat. Dabei kommt es hauptsächlich auf die Auswirkung der Veränderungen in der Wirtschaftstechnik, Düngung, Züchtung und Mechanisierung und die Veränderungen in den Preisrelationen der Hauptfrüchte an. Auch würde die Entwicklung der gesellschaftlichen Verhältnisse zu berücksichtigen sein. Solche Überprüfungen müssen aber von den Beziehungen der Ernteerträge zu den natürlichen Ertragsfaktoren, von dem Anteil der Hauptfrüchte an der Gesamtproduktion und dann schließlich auch von der Verwertung der Bodenerzeugnisse ausgehen. Der Weg führt über eine genaue Analyse der Ernteerträge und ihrer Grundlagen. Wir glauben, hierzu den ersten Schritt aufgezeigt zu haben, und sind auf Grund der gefundenen Relationen zu der Aussage berechtigt, daß insbesondere eine gebietsweise Vertiefung der begonnenen

Untersuchungen die Bodenschätzungsergebnisse zu dem machen kann, was wir alle suchen, zu einem Instrument, das der planvollen Gestaltung der Bodennutzung zu dienen in der Lage ist.

2. *Erntestatistik*

Es besteht kein Zweifel darüber, daß eine sorgfältig durchgeführte Erntestatistik für zahlreiche Fragen der Landwirtschaft und Ernährungswirtschaft von allergrößter Bedeutung ist. Es hat sich erwiesen, daß die alte Methode mit ehrenamtlichen Berichterstattern, die über meist mehrere Gemeinden umfassende Bezirke berichtet haben, unzulänglich war. Im Bereich der Deutschen Demokratischen Republik arbeiten jetzt Kreiskommissionen, deren personelle Zusammensetzung die Gewähr dafür bieten soll, die alten Fehler zu vermeiden. Ihre Aufgabe ist es, repräsentative Erhebungen durchzuführen. Selbst bei bester Kenntnis eines Landkreises dürfte es für eine solche Kommission außerordentlich schwierig sein, sich über alle Ertragsverhältnisse eines Landkreises einen sicheren Überblick zu verschaffen und die gewonnenen Schätzungswerte richtig auf das gesamte Kreisgebiet zu verallgemeinern. Erkennt man aber an, daß gesicherte Beziehungen zwischen den Ackerzahlen der Bodenschätzung und den Ernteerträgen bestehen, so muß es zweckmäßig erscheinen, die Ergebnisse der Bodenschätzung auch für die Ernteschätzung mit heranzuziehen. Das könnte in der Weise geschehen, daß für alle Ackerstücke, auf denen geschätzt wird, die Ackerzahlen festgestellt werden und jedem einzelnen Schätzungsergebnis die Ackerzahl beigefügt wird. Da außerdem bekannt ist, welche durchschnittliche Ackerzahl der Kreis besitzt, läßt sich ermitteln, welche Durchschnittsernten dem Kreisdurchschnitt, ja vielleicht auch jeder Gemeinde zugeordnet werden können. Man kann sich vorstellen, daß durch den Kreis eine bestimmte Route festgelegt wird, die alle Schwerpunktgemeinden berührt und daß an der Route alle diejenigen Ackerstücke bezeichnet werden, auf denen geschätzt werden soll. So läßt sich als Vorbereitung für jede Schätzungsstelle Ackerzahl und Klassenzeichen sicher festlegen. Die Ernteschätzer würden dann nicht mehr ganze Pläne abzuschätzen haben, sondern nur diejenigen Stellen, die für die angegebene und kartenmäßig festgelegte Ackerzahl und Klasse typisch sind; das würde auch zu einer Beschleunigung der Schätzungsarbeit und Vervielfältigung der Schätzungspunkte führen und ermöglichen, den geforderten Quadratmeterproben eine reale Grundlage zu geben. Die Entwicklung würde dazu führen, daß sich allmählich eine feste Schätzungsroute für jeden Kreis herausbildet, so daß die Ernteschätzungskommission immer wieder die gleichen Ackerstücke zu Gesicht bekommt. Damit werden die Schätzungsergebnisse von Jahr zu Jahr besser miteinander vergleichbar, und auch die Repräsentation verbessert sich.

Wenn nur alle Boden- und Klimagebiete des Kreises genügend berührt werden, macht es kaum noch etwas aus, abgelegene Flurteile oder auch ganze Gemeinden nicht zu besichtigen. Die Schätzung wird nicht nur durch die Zahl ihrer

Proben repräsentativ, vielmehr ist es möglich, die gewonnenen Ergebnisse nach dem Anteil guter und schlechter natürlicher Ertragsbedingungen abzustufen.

Außerdem hätte diese Methode der Ernteschätzung den Vorzug, daß die Verwaltungen der Kreise allmählich immer sicherer werdende und zuverlässige Unterlagen über die Durchschnittsernten aller Gemeinden, unter Umständen auch von Betrieben gewinnen, da ja für jede Gemeinde und für jeden Betrieb die Beziehung zur Ackerzahl vorhanden ist. Hinzu kommt, daß sich verschiedener Witterungsverlauf der einzelnen Jahre unterschiedlich auf die Ernteerträge verschiedener Bodenarten des Ackerlandes auswirkt. Auch darüber würden sich in wenigen Jahren wertvolle Unterlagen bei den Kreisstellen der statistischen Behörden ansammeln, die für viele Fragen der Planung und Differenzierung unschätzbaren Wert besitzen. Die Erntestatistik könnte sich über ihre ernährungswirtschaftlichen Aufgaben hinaus zu einer echten landwirtschaftlichen Statistik entwickeln, wenn man nur von den Möglichkeiten, die die Bodenschätzung bietet, Gebrauch machte.

3. *Für das Feldversuchswesen*

Wenn wir festgestellt haben, daß die Ernteerträge der Ackerfrüchte statistisch gesicherte Beziehungen zu den Ergebnissen der Bodenschätzung besitzen, so muß es von großer Bedeutung sein, für alle Feldversuche gleichzeitig mit den Versuchsergebnissen die Bodenklasse und die Ackerzahl bekanntzugeben. Es dürfte keine allzu großen Schwierigkeiten machen, aus dem bei den Behörden vorhandenem Kartenmaterial die Ackerzahlen für die Versuchsflächen festzulegen.

Schon vielfach ist darauf hingewiesen worden, daß die sogenannten Bodenstreuungen ausgeschaltet werden müssen. Hier zeigt sich ein methodisch gangbarer Weg. Schließlich ist zu erwarten, daß viele Feldversuche, davon besonders die Vergleichsversuche, bei Berücksichtigung der Ergebnisse der Bodenschätzung besonders beweiskräftiges Unterlagenmaterial für Fragen der Ertragsrelationen der Feldfrüchte abzugeben vermögen. Es ist auch kein Zufall, wenn gerade auch Bodenspezialisten[1]) darauf hinweisen, daß bei allen Feldversuchen die Ansprache des Bodens nach der Bodenschätzung vorgenommen werden sollte. Nur so sei es möglich, einzelne Böden und die auf ihnen erzielten Versuchsergebnisse richtig miteinander zu vergleichen.

4. *Zur Frage der Betriebsvergleiche*

Unterschiedliche natürliche Ertragsbedingungen erschweren einen Betriebsvergleich außerordentlich, bei großen Unterschieden wird ein Betriebsvergleich geradezu unmöglich. Gelingt es aber mit Hilfe der von uns angewendeten Methode, den Einfluß der natürlichen Ertragsbedingungen besonders für abgegrenzte Bezirke zahlenmäßig zu erfassen, so ergeben sich für den Betriebsvergleich Möglichkeiten, vorhandene Unterschiede in den natürlichen Ertrags-

---

[1]) So u. a. ESCHENHAGEN in: Bodenfruchtbarkeitsdienst. Vortragstagung, Hiltrup 1954.

bedingungen zu überbrücken. Hierbei wäre darauf hinzuweisen, daß einige Untersuchungen, die mit den Universitätsgütern der Universität Jena durchgeführt worden sind, deutlich zeigen, daß bei Schwankungen der Ackerzahlen zwischen 30 und 60, wie sie dort vorliegen, sich sehr wohl eine Mittellinie für die Höhe der Bodenproduktion ableiten läßt. Damit können auch die Leistungen von Betrieben unterschiedlicher natürlicher Ertragsfähigkeit zueinander in Beziehung gesetzt werden.

Das gleiche trifft nicht nur für den betriebswirtschaftlichen Vergleich, sondern auch für Fragen des Wettbewerbs einzelner Feldbaubrigaden oder verschiedener Betriebe zu. Hierzu bedarf es selbstverständlich einer ständigen Verbesserung der gewonnenen Unterlagen, aber für die Frage, wie unterschiedliche natürliche Ertragsbedingungen berücksichtigt werden können, hat sich ein Weg gezeigt, der innerhalb ohnehin gegebener Fehlergrenzen eine Lösung bisher nicht möglicher Fragestellungen zuläßt.

Hierbei ist zu berücksichtigen, daß beim Betriebsvergleich auch die Geldroherträge neben den Mengenerträgen stehen und daß die Bodenproduktion einmal als pflanzliche Produktion und dann als Leistung des Betriebes nach Abzug der Vorleistungen anderer landwirtschaftlicher Betriebe erfaßt werden kann.

5. *Zu Fragen der Agrarplanung*

Die Agrarplanung bemüht sich um die Abgrenzung von Produktionsgebieten[1]), die möglichst gleiche, mindestens aber ähnliche natürliche Ertragsbedingungen besitzen sollen. Liegen erst gesicherte Beziehungen zwischen den Ernteergebnissen und den Ackerzahlen solcher Produktionsgebiete vor, so wird die richtige Planung der Ablieferung pflanzlicher Erzeugnisse, des relativen Umfangs der Viehhaltung, der tierischen Produktion und vieler anderer agrarwissenschaftlicher Fragen überhaupt erst durchführbar. Gewissermaßen werden wir durch unsere Untersuchungsmethode überhaupt erst in die Lage versetzt, den gefundenen Produktionsgebieten einen realen pflanzenbaulichen und ökonomischen Inhalt zu geben. Denn es kann nicht nur auf die Erforschung von Nutzflächen- und Anbauverhältnis sowie der Futtergrundlagen ankommen. Der entscheidende Schritt ist erst erfolgt, wenn es gelingt, eine Übersicht über die tatsächlichen Erträge zu finden, etwa so, wie wir es an dem Modell der DDR dargelegt haben. Erst die Feststellung quantitativer Ergebnisse der pflanzlichen Produktion gestattet es, die Organisation der Betriebszweige des Ackerbaues und der Veredlungswirtschaft planmäßig zu entwickeln.

6. *Zu Fragen der Betriebslehre*

Es hat den Anschein, als ob mit unseren Ergebnissen auch zu weiteren Fragen der pflanzlichen Erzeugung auf den Ackerflächen Stellung genommen werden könnte. Hierzu muß noch einmal darauf hingewiesen werden, daß mit Kreisdurchschnittsernten der Jahre 1934 bis 1939 gearbeitet wurde und daß außer

[1]) Nach VIEWEG: Bemerkungen zu 17 Produktionszonen in der DDR. Die Deutsche Landwirtschaft 1955, S. 2.

den Ackerzahlen der Bodenschätzung und den Anbaurelationen nur noch der Begriff der Anbauintensität übernommen wurde, um den verschiedenen Ertragsstufen einen Index der Veränderung des gesamten Ackerflächenverhältnisses zuordnen zu können. Immerhin hat sich aber ergeben, daß bei Herauslösung einzelner Fruchtarten aus dem vorhandenen Fruchtfolgesystem oder Anbauverhältnis der Ackerfläche jede einzelne Kulturpflanze ihre eigene Tendenz der Erträge zu einer nach den Ergebnissen der Bodenschätzung erfolgten Abstufung der natürlichen Ertragsbedingungen besitzt. Dieses Herauslösen aus dem gegebenen Zusammenhang ist eine Maßnahme, die ergriffen wurde, um die Ertragstendenzen der einzelnen Fruchtarten kennenzulernen. So besitzen die isolierten Fruchtarten zwar gesicherte, aber im einzelnen recht unterschiedliche Tendenzen, wobei gelegentlich, so insbesondere beim Getreide, abnehmende Grenzerträge der absoluten natürlichen Erzeugungskraft des Bodens auftreten. Wenn sich aber am Ende gezeigt hat, daß bei der Zusammenfassung aller Fruchtarten, entsprechend dem vorliegenden Fruchtfolgesystem, die Zunahmeraten oder Grenzerträge gleich hoch sind, so hat es den Anschein, als ob sich, gemessen an den Durchschnittserträgen 1934 bis 1939 und dem entsprechenden Ackerflächenverhältnis, grundsätzlich die Gesamterträge der pflanzlichen Produktion (in Getreideeinheiten gerechnet) in einem gesicherten proportionalen Verhältnis zur absoluten natürlichen Erzeugungskraft des Bodens befinden.

Ertragsbeziehungen zu den natürlichen Ertragsbedingungen, und das dürfte auch für eine Reihe anderer wichtiger Ertragsfaktoren gelten, lassen sich zutreffend nur erfassen, wenn der Gesamtertrag des zugrunde liegenden Fruchtfolge- oder Bodennutzungssystems ungekürzt erfaßt wird, weil anderenfalls sowohl die gegenseitige Beeinflussung der Kulturpflanzen als auch die den veränderten Ertragsfaktoren zuzuordnende Art der Bewirtschaftung und endlich auch die wechselnden Anteile der verschiedenen Kulturpflanzen an der Acker- oder Nutzfläche nicht berücksichtigt werden können. Man wird den weiteren allgemeinen Schluß ziehen dürfen, daß die Übertragung vieler wissenschaftlicher Einzelergebnisse des Pflanzenbaues auf die Ökonomik der Betriebe immer einer sehr sorgfältigen Überprüfung bedarf. Es muß daher angenommen werden, daß die Änderung eines Ertragsfaktors, jedenfalls wenn er auf die Ernteerträge von Betrieben, Gemeinden oder noch größeren Bezirken bezogen wird, die Änderung weiterer Ertragsfaktoren nach sich zieht. Wir haben unsere Untersuchung mit der Umrechnung der pflanzlichen Produktion auf Getreideeinheiten abgeschlossen, weil die Umrechnung in geldliche Größen wegen der großen Zeitspanne, die zwischen dem Erhebungszeitraum und der Gegenwart liegt, erhebliche Schwierigkeiten mit sich bringt und weil auch der Rohertrag der pflanzlichen Produktion allein nicht dem Umstand gerecht werden kann, daß mehr als die Hälfte der pflanzlichen Erzeugnisse über die Viehhaltung veredelt wird.

Die Preisrelationen zwischen den Erzeugnissen des Pflanzenbaues und der Viehhaltung aber können es bewirken, daß je nach dem Anteil der Veredlung der

pflanzlichen Erzeugnisse die geldlichen Roherträge entweder den GE-Erträgen parallel verlaufen oder sogar überproportionale Zunahmeraten entstehen. Zur Lösung dieser Fragen reicht unser Material nicht aus, sie können lediglich an Betriebsmodellen weiter bearbeitet werden. Nach den bisherigen Resultaten unserer Untersuchung scheinen aber Aussichten zu bestehen, daß unter Berücksichtigung der Ergebnisse vollständiger Bodennutzungssysteme mit dem entsprechend den natürlichen und ökonomischen Standorten zuzuordnenden relativen Anteil der Veredlungswirtschaft auch die Tendenzen von Geldroherträgen untersucht werden können. Damit wäre aber der Ansatzpunkt für die Lösung weiterer betriebswirtschaftlicher Probleme geschaffen, die es erlauben, auch zu grundsätzlichen Fragen der Flächenproduktivität, der Arbeitsproduktivität und der Differenzialrente Stellung zu nehmen.
Auch zu manchen Fragen der Kostenrechnung dürften unsere Ergebnisse einen Hinweis geben. Sieht man als Aufgabe der Kostenrechnung die Sammlung und Gliederung aller Kostenarten für bestimmte landwirtschaftliche Erzeugnisse an, so muß es bedenklich erscheinen, die Kostenarten ausschließlich nach den einzelnen Zweigen der landwirtschaftlichen Produktion zu gliedern.
Wenn wir festgestellt haben, daß sich die Ertragsrelationen der einzelnen Kulturpflanzen anders verhalten als die aus einem Fruchtfolge- oder Bodennutzungssystem entstehenden Erträge der gesamten pflanzlichen Erzeugung, so dürfte es unumgänglich sein, die Kostenrechnung zunächst auf das Ergebnis bestimmter Ackerflächenverhältnisse oder Fruchtfolgesysteme auszurichten. Nur dann kann eine richtige Beziehung zwischen Kosten und Leistung in der pflanzlichen Produktion gefunden werden. Damit ergibt sich auch die Aussicht, den Meinungsstreit über den Wert von Kostenrechnungen in der Landwirtschaft einer Lösung näherzubringen. Die nächsten Arbeiten sollten darauf zielen, Kostenrechnungen im Betrieb, ebenso wie in der Modellrechnung, auf abgegrenzte Nutzflächen, reale Anbauverhältnisse und Fruchtfolgesysteme auszurichten und deren Leistung insgesamt den aufgewandten Kosten gegenüberzustellen. Ist das gelungen, folgt die Feinarbeit, deren Aufgabe es ist, die Kostenrechnung nach den einzelnen Kulturpflanzen weiter zu gliedern. Diese Gliederung wird aber nur nach verhältnismäßig großzügigen Gesichtspunkten zu erfolgen brauchen und nur in dem Maße, wie sich die unmittelbaren und ohne Schlüssel abgrenzbaren Kosten der einzelnen Feldfrüchte voneinander unterscheiden.
Damit eröffnen die aus Kreisdurchschnitten aus einer sogar um 20 Jahre zurückliegenden Zeit abgeleiteten Tendenzen der betriebswirtschaftlichen Forschung neue Wege, die weitere Ergebnisse erhoffen lassen, wenn die Untersuchungen auf engere Anbau- und Produktionsgebiete beschränkt werden.

LITERATURVERZEICHNIS

1. Blohm, G., Angewandte landwirtschaftliche Betriebslehre. Stuttgart 1950.
2. v. Boguslawski, E., Bodenfruchtbarkeit vom Standpunkt des Ackerbaues. Landwirtschaft — Angewandte Wissenschaft. Hiltrup 1954.
3. Clemens, Reformen der Agrarstatistik. Statistische Praxis, Heft 12. Berlin 1950.
4. Herzog, F., Grundlagen und Methodik der landwirtschaftlichen Einheitsbewertung. Handbuch der Landwirtschaft **5.** Berlin 1954.
5. —, Die Bedeutung der Bodenschätzung für die Landwirtschaft. 2. Aufl. Berlin 1941.
6. Hoffmann, E., Die Auswertung der Anbaustatistik für die Abgrenzung von Produktionszonen. Die Deutsche Landwirtschaft **5** (1954), S. 556.
7. Kasch, W., Die natürlichen Anbaugebiete der Deutschen Demokratischen Republik und die den Anbau bedingenden natürlichen Faktoren. Die Deutsche Landwirtschaft **2** (1951), S. 254.
8. —, Methoden der Bodenbewertung. Die Deutsche Landwirtschaft **3** (1952), S. 87.
9. —, Bodenschätzung und Agrarplanung. Die Deutsche Landwirtschaft **4** (1953), S. 534.
10. Knickmann, H., Die Auswertung der Bodenschätzungsergebnisse für Raumforschung und Landeskunde. Forschungen zur Deutschen Landeskunde **54.** Landshut 1951.
11. Laatsch, W., Dynamik der mitteleuropäischen Mineralböden. 3. Aufl. Dresden und Leipzig 1954.
12. Matz, R., Die Bodenschätzung als Grundlage für eine Normativbesteuerung der Landwirtschaft. Die Deutsche Finanzwirtschaft **7** (1952).
13. Meitzen, A., Der Boden und die landwirtschaftlichen Verhältnisse des preußischen Staates. Berlin 1869.
14. Metzler, E., Bodenschätzung und Agrarplanung. Die Deutsche Landwirtschaft **5** (1954), S. 268.
15. Nieschulz, Die landwirtschaftliche Bodenschätzung und Einheitsbewertung. Hannover 1953.
16. Petersen, A., Die landwirtschaftlichen Produktionszonen als Grundlage der Agrarplanung. Berlin 1953.
17. —, Die neue Rostocker Grünlandschätzung. Berlin 1952.
18. Rothkegel, W., Handbuch der Schätzungslehre für Grundbesitzungen. **1.** Berlin 1930.
19. —, Geschichtliche Entwicklung der Bodenbonitierungen und Wesen und Bedeutung der deutschen Bodenschätzung. Stuttgart 1950.
20. —, Landwirtschaftliche Schätzungslehre. Stuttgart 1952.
21. Rothkegel, W., und Herzog, F., Das Bodenschätzungsgesetz. Kommentar. Berlin 1955.
22. —, —, Das Verfahren der Reichsfinanzverwaltung bei der Bewertung landwirtschaftlicher Betriebe. 10. Sonderheft der Berichte über Landwirtschaft 1928.
23. Rübensam, E., Landwirtschaftliche Produktionsplanung auf der Grundlage einer Rohertragsbonitierung. Sonderdruck. 1953.

24. —, Landwirtschaftliche Produktionszonen und -typen als Grundlagen der Beratung, Forschung und Produktionsplanung (I. und II. Teil). Die Deutsche Landwirtschaft **5** (1954), S. 489.

25. Till, A., Zur Bewertung landwirtschaftlich genutzter Böden Österreichs. Die Bodenkultur **4**. Wien 1950.

26. Vieweg, K., Bemerkungen zu 17 Produktionszonen in der DDR. Die Deutsche Landwirtschaft **6** (1955), S. 2.

27. Wolff, W., v. Bülow, K., und Görz, G., Neue bodenkundliche Gesichtspunkte bei Kartierungstätigkeit der Preuß. geologischen Landesanstalt. Jahrbuch der Preuß. Geol. Gesellschaft **1933**.

28. Klimaatlas des Deutschen Reiches. Akademie-Verlag, Berlin 1953.

Anhang

Übersicht 1

Ernteertrag der Getreidearten, Kreisdurchschnitte 1934 bis 1939

Lfd. Nr.	Kreis	Ackerzahl	Winterweizen dz/ha	Sommerweizen dz/ha	Wintergerste dz/ha	Sommergerste dz/ha	Roggen dz/ha	Hafer dz/ha	Getreide insgesamt dz/ha
1	Hoyerswerda	25	15,4	13,1	15,1	13,7	13,3	14,8	13,7
2	Fürstenwalde	26	20,2	19,0	21,2	19,5	14,8	17,1	15,7
3	Schmalkalden	26	13,6	11,7	13,9	13,6	15,5	15,1	15,0
4	Lübben	26	16,1	14,2	18,0	15,9	13,3	16,4	13,8
5	Ludwigslust	27	21,3	16,6	24,4	19,5	15,0	18,3	15,9
6	Teltow/Mahlow	27	18,1	16,3	20,1	17,2	14,8	16,0	15,4
7	Sonneberg	27	15,3	11,6	15,6	15,3	16,4	13,7	15,3
8	Annaberg	28	15,8	11,2	17,0	14,7	16,4	14,7	14,9
9	Aue	28	19,3	16,7	20,2	17,2	18,1	17,2	17,5
10	Usedom	28	23,2	21,4	21,7	21,7	18,2	21,1	19,4
11	Calau/Senftenberg	29	20,6	17,2	22,2	18,4	15,1	16,7	16,0
12	Niederbarnim	29	20,9	18,7	19,4	18,6	15,0	16,8	15,8
13	Oelsnitz	29	18,0	15,8	19,8	18,7	17,6	16,8	17,4
14	Spremberg	29	18,3	14,2	19,7	16,5	13,6	16,0	14,4
15	Zauch-Belzig	29	21,3	20,0	22,3	18,5	14,1	17,6	15,4
16	Auerbach	30	20,1	18,1	20,5	19,9	19,7	19,0	19,2
17	Cottbus	30	19,8	19,5	21,1	16,3	15,6	17,4	16,1
18	Hildburghausen	30	15,2	13,4	14,8	15,9	14,6	14,3	14,9
19	Ruppin	30	23,0	20,2	20,4	20,8	17,0	20,4	18,3
20	Guben	31	21,7	19,5	22,3	19,7	14,5	17,9	15,9
21	Jüterbog/Luckenw.	31	19,2	16,1	21,3	17,4	14,7	17,3	15,6
22	Niesky	31	18,9	17,1	20,0	17,6	15,1	17,3	15,5
23	Ostprignitz	31	26,2	22,7	24,6	22,6	17,4	21,9	19,5
24	Schleiz	31	17,1	14,9	17,8	17,5	18,1	16,8	16,8
25	Schweinitz	31	18,8	16,6	20,6	16,9	13,4	17,2	14,9
26	Templin	31	21,1	18,7	20,1	20,1	15,5	18,0	17,0
27	Liebenwerda	32	19,6	19,5	23,4	16,5	13,5	15,4	14,8
28	Luckau	32	20,1	18,7	21,7	18,3	14,3	17,7	15,7
29	Marienberg	32	17,7	14,8	18,8	17,6	18,3	17,0	17,4
30	Perleberg/Westprign.	32	22,6	19,4	21,6	19,7	16,0	19,3	17,3
31	Saalfeld/Rudolstadt	32	19,7	16,8	19,7	19,0	17,1	17,9	18,0
32	Ueckermünde	32	21,2	21,9	20,6	19,8	15,1	19,5	16,2
33	Parchim	33	25,3	21,5	24,8	20,8	17,0	21,2	19,1
34	Meiningen	33	17,6	16,2	18,8	17,4	17,0	17,1	17,2
35	Osthavelland	33	23,5	19,8	24,1	19,7	17,4	20,1	19,0
36	Dippoldiswalde	34	20,0	17,2	20,4	19,3	18,5	18,9	18,7
37	Hagenow	34	22,8	19,5	24,5	19,9	15,1	18,5	16,6
38	Westhavelld./Rathen.	34	26,6	20,1	24,6	20,3	16,3	19,9	18,3
39	Gardelegen	35	25,2	22,7	25,5	21,7	17,8	19,6	18,8
40	Arnstadt	35	19,0	18,7	18,5	17,9	16,7	17,2	17,7

Übersicht 1 (Fortsetzung)

Lfd. Nr.	Kreis	Ackerzahl	Winterweizen dz/ha	Sommerweizen dz/ha	Wintergerste dz/ha	Sommergerste dz/ha	Roggen dz/ha	Hafer dz/ha	Getreide insgesamt dz/ha
41	Anklam	36	25,3	23,5	25,5	22,7	20,0	24,1	22,4
42	Eisenach	36	19,9	17,7	19,7	17,6	17,9	18,8	18,6
43	Freiberg	36	22,7	19,1	23,5	19,6	19,8	19,0	19,7
44	Lebus/Frankfurt	36	22,6	21,1	21,6	21,4	15,8	18,2	18,7
45	Oberbarnim	36	23,4	22,7	22,0	21,5	16,4	18,9	18,5
46	Plauen	36	20,4	17,6	21,1	19,8	18,8	19,6	19,4
47	Waren	36	24,2	21,9	25,8	21,6	17,7	22,5	20,3
48	Greifswald	37	26,8	24,3	27,0	24,4	22,3	25,3	24,4
49	Neubrandenb./Neustr.	37	25,1	22,8	24,6	22,5	17,4	22,6	21,0
50	Angermünde	38	23,7	22,0	23,5	22,1	17,0	21,3	20,4
51	Jerichow II	38	22,4	19,8	24,3	20,9	14,5	18,3	18,4
52	Wittenberg	38	21,8	21,4	23,5	19,9	14,6	20,6	17,2
53	Zerbst	38	24,9	22,0	26,2	21,8	16,0	19,0	17,8
54	Greiz	39	21,2	19,3	20,7	20,2	19,3	20,6	20,2
55	Heiligenstadt/Worbis	39	20,1	18,6	20,2	16,8	18,1	19,2	18,9
56	Jena/Stadroda	39	23,1	22,4	23,7	22,2	19,9	22,4	22,0
57	Güstrow	40	24,2	22,2	25,0	21,3	20,2	22,7	21,8
58	Schwerin/Gadebusch	40	25,4	20,2	24,4	21,1	17,4	21,9	20,1
59	Chemnitz	41	21,1	17,2	21,1	19,2	19,7	18,3	19,2
60	Demmin	41	25,7	23,9	25,6	22,1	21,8	24,7	23,6
61	Flöha	41	20,8	18,0	20,9	20,2	19,7	20,1	19,9
62	Gera	41	22,7	20,9	22,7	21,5	20,6	22,6	21,9
63	Großenhain	41	24,2	19,3	26,1	18,0	16,9	18,8	18,9
64	Rostock	41	24,8	22,1	24,0	22,5	21,9	24,4	23,1
65	Zwickau, Werdau, Cr.	41	21,3	17,3	21,1	20,0	19,3	19,3	19,7
66	Kamenz	43	24,8	19,5	22,8	18,6	17,2	19,4	18,8
67	Prenzlau	43	27,3	24,9	25,4	25,2	22,1	27,1	25,5
68	Rügen	43	27,0	24,0	26,2	22,2	22,3	25,2	24,3
69	Salzwedel	43	24,1	21,5	23,0	22,3	19,1	20,1	20,0
70	Torgau	43	23,0	21,7	25,6	18,4	15,9	20,5	19,2
71	Wismar	43	26,2	22,2	26,2	21,9	19,8	24,4	22,7
72	Jerichow I	43	25,5	21,8	26,5	23,0	14,8	20,6	18,7
73	Malchin	44	26,4	20,0	26,6	23,7	23,2	27,1	25,1
74	Stralsund	44	26,1	23,6	26,4	22,9	22,4	25,6	24,4
75	Grimmen	45	27,3	23,9	25,5	22,5	23,9	26,1	25,2
76	Mühlhausen	45	21,2	20,6	20,8	20,7	19,0	19,6	20,1
77	Pirna	45	22,8	17,6	22,8	20,9	20,5	19,9	20,7
78	Bautzen	46	23,9	20,9	26,1	21,4	19,9	21,8	21,5
79	Löbau	46	23,5	19,6	25,7	22,6	20,9	21,9	22,1
80	Stendal	47	24,8	23,7	25,2	23,4	19,7	21,4	21,4
81	Glauchau	48	22,8	19,5	22,0	20,3	20,9	20,3	21,1
82	Delitzsch	49	24,9	20,9	26,4	13,9	19,0	20,7	21,9

Übersicht 1 (Fortsetzung)

Lfd. Nr.	Kreis	Ackerzahl	Winterweizen dz/ha	Sommerweizen dz/ha	Wintergerste dz/ha	Sommergerste dz/ha	Roggen dz/ha	Hafer dz/ha	Getreide insgesamt dz/ha
83	Nordhausen	49	23,1	22,1	23,9	19,7	19,4	19,4	21,3
84	Osterburg	49	26,3	24,3	25,9	23,4	18,9	21,6	21,7
85	Zittau	49	21,2	18,3	23,6	21,1	19,4	20,8	20,2
86	Dresden	50	24,1	21,0	24,2	19,7	19,6	21,1	21,0
87	Bitterfeld	51	25,5	21,8	25,6	22,0	16,4	21,6	20,7
88	Grevesmühlen	51	27,4	24,4	28,2	22,7	22,0	25,1	24,8
89	Grimma	53	24,7	21,9	27,8	22,1	22,7	24,3	24,3
90	Rochlitz	55	24,8	21,5	26,8	23,6	24,1	25,6	24,9
91	Gotha	56	22,4	20,2	21,3	19,6	18,6	20,8	20,6
92	Sondershausen	56	25,2	22,6	24,7	22,3	20,7	23,2	22,4
93	Altenburg	57	24,7	22,9	25,8	22,6	24,0	25,6	24,8
94	Weimar	57	25,5	24,5	25,3	23,8	20,8	24,7	24,4
95	Oschatz	59	27,4	24,6	30,2	24,2	22,3	24,9	25,8
96	Leipzig	60	25,8	21,8	28,0	24,6	23,7	24,7	25,1
97	Borna	62	23,9	21,9	26,3	22,5	22,5	24,2	23,7
98	Döbeln	62	27,4	23,7	31,6	24,7	26,5	28,6	27,9
99	Haldensleben	62	30,6	29,1	30,3	27,4	20,2	32,0	28,9
100	Zeitz	62	24,9	23,5	25,8	21,9	23,5	26,0	24,8
101	Meißen	63	28,0	25,2	29,6	24,5	24,4	26,8	27,0
102	Sangerhausen	64	25,3	23,2	25,6	22,6	20,0	22,5	23,0
103	Erfurt/Weißensee	65	25,9	23,6	24,7	23,3	20,1	23,5	23,8
104	Eckartsberga	65	25,1	23,8	25,5	23,5	20,4	24,4	23,9
105	Wolmirstedt	66	28,7	25,7	28,1	25,4	13,9	24,7	23,3
106	Langensalza	68	26,6	24,1	25,7	23,9	22,0	24,2	24,5
107	Mansfelder Gebirgskr.	69	27,0	23,1	25,6	22,2	22,7	24,5	24,4
108	Quedlinburg/Ballenst.	74	28,7	25,8	27,9	23,3	22,1	27,8	26,3
109	Querfurt	75	28,5	25,4	29,4	25,9	23,3	28,6	27,1
110	Kalbe	77	28,4	24,8	27,5	24,6	18,3	26,6	25,5
111	Merseburg	77	26,6	22,9	28,0	23,9	23,2	25,9	25,5
112	Weißenfels/Naumbg.	78	25,9	23,7	26,8	24,1	23,0	25,9	25,2
113	Saalkreis	78	26,9	23,4	27,7	22,8	21,8	26,1	25,3
114	Halberstadt/Wernig.	78	29,0	27,2	28,9	25,3	22,7	29,2	27,9
115	Mansfelder Seekreis	79	29,6	25,5	30,5	23,8	25,6	28,6	27,9
116	Bernburg	83	29,1	25,2	28,9	24,4	21,4	28,8	27,3
117	Oschersleben	84	28,8	27,2	28,2	24,1	23,5	30,3	27,8
118	Wanzleben	89	29,9	26,6	30,0	25,5	26,5	31,5	28,7

Übersicht 2

Ackerflächenanteil der Getreidearten, Kreisdurchschnitte 1934

Lfd. Nr.	Kreis	Acker-zahl	Winter-weizen in %	Sommer-weizen in %	Winter-gerste in %	Sommer-gerste in %	Roggen in %	Hafer in %	Getreide insgesamt in %
1	Hoyerswerda	25	1,2	0,1	0,2	0,8	47,6	11,8	62,7
2	Fürstenwalde	26	1,4	1,4	0,7	2,2	45,4	10,0	62,5
3	Schmalkalden	26	2,5	0,1	0,3	1,4	32,0	15,6	54,6
4	Lübben	26	0,6	0,1	0,3	0,6	53,3	9,0	65,2
5	Ludwigslust	27	0,8	—	0,3	0,7	43,3	13,3	59,3
6	Teltow/Mahlow	27	1,5	0,6	0,6	2,2	41,1	12,2	59,8
7	Sonneberg	27	3,5	0,1	0,4	5,1	22,1	12,8	45,8
8	Annaberg	28	1,1	2,0	0,9	0,8	9,6	17,3	35,6
9	Aue	28	1,4	0,8	0,2	0,6	16,5	18,2	41,8
10	Usedom	28	3,7	1,2	0,5	3,3	33,9	14,8	59,6
11	Calau/Senftenberg	29	2,6	0,7	0,9	1,7	39,0	11,4	59,9
12	Niederbarnim	29	2,2	0,9	0,3	2,8	37,2	13,1	59,5
13	Oelsnitz	29	3,6	0,3	0,1	8,0	25,8	21,2	61,1
14	Spremberg	29	1,4	0,3	0,7	1,8	42,0	11,3	61,2
15	Zauch-Belzig	29	1,0	0,7	0,3	2,3	45,4	14,6	65,5
16	Auerbach	30	4,7	0,5	0,3	3,0	24,1	22,4	57,8
17	Cottbus	30	2,6	0,3	0,7	0,6	47,6	13,3	66,4
18	Hildburghausen	30	12,7	0,7	0,8	6,9	12,0	17,2	54,8
19	Ruppin	30	2,6	1,7	0,6	2,9	35,6	16,4	62,6
20	Guben	31	3,5	0,8	0,7	1,6	43,9	10,5	63,2
21	Jüterbog/Luckenw.	31	2,4	0,3	0,8	2,7	45,3	15,5	68,0
22	Niesky	31	2,5	0,4	0,5	1,9	41,3	12,5	60,7
23	Ostprignitz	31	2,7	1,3	0,7	2,0	36,0	16,3	62,2
24	Schleiz	31	8,0	0,5	0,8	11,6	19,3	20,6	63,3
25	Schweinitz	31	4,5	0,4	0,9	2,0	43,9	15,1	67,9
26	Templin	31	5,8	1,9	0,8	4,5	30,6	12,2	58,3
27	Liebenwerda	32	4,4	1,1	1,6	1,6	43,5	13,8	67,4
28	Luckau	32	3,5	0,7	0,9	2,0	42,1	13,0	64,5
29	Marienberg	32	1,6	1,4	0,1	1,8	13,0	21,5	43,3
30	Perleberg/Westprign.	32	2,9	0,8	0,5	1,2	39,5	18,1	64,9
31	Saalfeld/Rudolstadt	32	9,7	0,9	0,5	8,7	17,6	15,0	57,2
32	Ueckermünde	32	2,6	0,8	0,4	3,6	39,4	7,6	57,2
33	Parchim	33	3,9	1,2	1,0	2,9	32,0	17,0	61,0
34	Meiningen	33	9,0	0,4	0,9	5,1	20,1	16,7	56,1
35	Osthavelland	33	6,3	3,2	1,2	5,5	27,8	14,7	60,9
36	Dippoldiswalde	34	4,5	2,2	0,6	4,0	18,7	21,0	55,1
37	Hagenow	34	2,4	0,5	0,5	2,3	37,6	16,1	61,8
38	Westhavelld./Rathen.	34	5,9	3,1	0,8	3,1	36,3	13,2	65,5
39	Gardelegen	35	2,8	2,4	1,2	2,3	36,2	13,2	60,4
40	Arnstadt	35	13,2	2,0	1,7	9,4	9,5	12,6	54,7

Übersicht 2 (Fortsetzung)

Lfd. Nr.	Kreis	Ackerzahl	Winterweizen in %	Sommerweizen in %	Wintergerste in %	Sommergerste in %	Roggen in %	Hafer in %	Getreide insgesamt in %
41	Anklam	36	8,1	3,8	2,3	5,7	23,0	18,9	59,3
42	Eisenach	36	9,5	0,5	1,8	3,2	20,1	16,9	56,2
43	Freiberg	36	6,6	1,8	0,6	4,6	16,4	19,9	52,7
44	Lebus/Frankfurt	36	9,0	4,1	1,5	10,8	22,6	10,1	61,0
45	Oberbarnim	36	6,4	2,5	1,2	6,9	28,2	12,9	61,3
46	Plauen	36	8,8	0,7	0,3	11,0	21,9	20,5	63,8
47	Waren	36	5,9	3,0	1,8	5,8	26,1	14,8	61,4
48	Greifswald	37	9,2	4,1	3,4	4,9	19,7	16,5	60,2
49	Neubrandenb./Neustr.	37	10,3	2,7	2,1	4,8	20,5	15,3	58,9
50	Angermünde	38	11,8	3,3	1,8	9,6	21,4	10,0	60,4
51	Jerichow II	38	6,3	2,2	0,8	3,1	39,0	14,3	67,7
52	Wittenberg	38	7,4	0,7	1,1	2,9	39,8	14,0	66,3
53	Zerbst	38	3,3	0,3	1,1	4,0	41,1	14,8	65,0
54	Greiz	39	11,8	0,3	0,7	8,6	21,2	19,9	63,3
55	Heiligenstadt/Worbis	39	13,3	0,4	2,8	3,4	16,5	22,2	59,9
56	Jena/Stadtroda	39	15,8	3,4	1,8	8,9	10,9	14,2	56,9
57	Güstrow	40	7,8	3,2	2,2	3,4	22,8	18,1	60,5
58	Schwerin/Gadebusch	40	8,0	0,5	2,3	1,7	29,6	16,8	61,0
59	Chemnitz	41	9,4	0,9	0,9	1,8	20,7	21,4	56,1
60	Demmin	41	10,0	4,1	2,8	4,6	19,6	16,0	60,1
61	Flöha	41	9,4	2,6	0,8	3,1	16,6	21,4	55,6
62	Gera	41	15,7	0,8	2,5	6,3	17,0	18,4	62,0
63	Großenhain	41	6,8	0,4	3,1	1,6	33,7	17,9	64,1
64	Rostock	41	6,3	3,0	1,9	3,8	22,7	17,7	58,7
65	Zwickau, Werdau, Cr.	41	9,0	0,7	1,0	2,6	23,7	24,2	61,6
66	Kamenz	43	6,5	0,2	1,1	1,7	33,6	17,6	61,4
67	Prenzlau	43	19,3	4,4	4,4	8,3	15,0	10,8	63,2
68	Rügen	43	9,7	4,4	4,5	4,8	16,6	18,0	62,2
69	Salzwedel	43	4,3	1,7	1,2	2,5	33,8	15,3	60,0
70	Torgau	43	12,7	1,8	3,8	2,3	30,7	14,1	66,1
71	Wismar	43	10,9	2,0	2,7	4,2	21,3	15,3	59,1
72	Jerichow I	43	8,0	2,4	2,4	6,1	30,7	10,3	62,7
73	Malchin	44	12,4	4,9	2,2	5,9	17,0	14,2	59,2
74	Stralsund	44	10,9	4,8	3,4	2,4	17,8	18,6	60,5
75	Grimmen	45	9,45	4,0	4,2	2,5	19,2	19,0	62,1
76	Mühlhausen	45	13,2	0,9	1,6	11,1	8,0	17,6	57,0
77	Pirna	45	9,6	0,9	1,5	4,2	26,9	19,1	62,8
78	Bautzen	46	13,0	0,6	2,1	2,0	27,2	15,4	60,5
79	Löbau	46	15,1	0,7	2,0	3,3	22,2	16,9	60,8
80	Stendal	47	6,7	3,8	1,6	5,2	31,5	13,8	63,6
81	Glauchau	48	13,7	0,6	1,7	2,6	21,2	23,1	62,9
82	Delitzsch	49	15,6	2,0	4,7	5,4	22,7	13,1	63,7

Übersicht 2 (Fortsetzung)

Lfd. Nr.	Kreis	Ackerzahl	Winterweizen in %	Sommerweizen in %	Wintergerste in %	Sommergerste in %	Roggen in %	Hafer in %	Getreide insgesamt in %
83	Nordhausen	49	17,0	1,8	3,6	6,8	14,0	17,6	61,5
84	Osterburg	49	9,5	4,9	2,7	3,7	28,7	15,1	65,7
85	Zittau	49	12,9	3,1	1,4	2,2	22,3	18,7	61,1
86	Dresden	50	12,1	0,7	1,6	1,3	26,3	17,9	60,6
87	Bitterfeld	51	13,2	0,8	4,3	7,2	25,1	10,5	61,5
88	Grevesmühlen	51	15,9	1,4	3,0	2,6	17,2	19,1	61,1
89	Grimma	53	18,1	1,1	6,5	1,1	19,9	16,5	63,9
90	Rochlitz	55	16,4	0,4	3,5	1,0	19,7	20,3	61,6
91	Gotha	56	12,0	2,5	2,4	12,1	5,8	14,0	54,4
92	Sondershausen	56	15,8	2,8	3,2	14,4	6,4	13,5	58,4
93	Altenburg	57	20,6	3,3	4,5	4,5	14,9	15,3	64,2
94	Weimar	57	15,4	5,3	1,2	16,5	4,3	12,5	57,5
95	Oschatz	59	20,4	0,8	7,0	0,9	15,4	15,9	61,0
96	Leipzig	60	19,2	2,7	6,0	3,4	20,2	14,1	66,2
97	Borna	62	18,0	1,6	5,4	2,6	18,4	15,2	61,5
98	Döbeln	62	23,2	1,1	4,6	1,0	13,2	17,8	61,1
99	Haldensleben	62	22,1	7,8	6,0	5,3	9,0	10,8	61,5
100	Zeitz	62	24,8	2,7	5,5	4,6	11,9	14,6	64,2
101	Meißen	63	24,5	0,7	4,5	1,1	11,4	16,5	59,0
102	Sangerhausen	64	14,5	3,9	2,2	17,3	10,1	14,0	63,0
103	Erfurt/Weißensee	65	13,5	4,5	1,2	21,3	4,3	11,7	57,5
104	Eckartsberga	65	16,6	4,4	2,1	16,2	6,0	13,2	58,9
105	Wolmirstedt	66	16,6	7,7	3,2	7,4	15,5	10,0	60,2
106	Langensalza	68	9,7	2,1	1,3	23,3	4,0	16,6	58,0
107	Mansfelder Gebirgskr.	69	17,6	2,5	3,6	14,3	11,6	11,9	62,3
108	Quedlinburg/Ballenst.	74	18,7	6,0	3,4	15,7	5,1	9,8	59,1
109	Querfurt	75	18,1	4,8	2,4	15,6	6,2	11,5	59,0
110	Kalbe	77	14,8	6,2	4,0	12,5	8,0	9,6	55,3
111	Merseburg	77	19,7	3,8	3,6	11,3	9,7	11,7	60,2
112	Weißenfels/Naumbg.	78	21,4	4,3	3,4	9,2	8,8	14,0	61,2
113	Saalkreis	78	19,1	3,8	6,0	10,6	8,6	9,2	57,8
114	Halberstadt/Wernig.	78	20,8	8,8	4,5	10,1	6,2	14,9	65,6
115	Mansfelder Seekreis	79	20,0	3,5	4,7	11,7	8,1	8,2	56,6
116	Bernburg	83	20,1	5,5	4,8	12,6	5,0	8,6	56,8
117	Oschersleben	84	20,7	9,8	4,4	14,3	2,7	10,8	63,0
118	Wanzleben	89	20,8	8,7	5,1	12,8	2,3	6,45	56,3

Übersicht 3

Ernteertrag der Blattfrüchte und Gesamternte der Ackerfläche in dz Getreideeinheiten je ha

Lfd. Nr.	Kreis	Ackerzahl	Spätkartoffeln	Zuckerrüben	Luzerne	Klee u. Kleegras	Gesamternte in dz GE
1	Hoyerswerda	25	156	—	46,8	46,5	21,2
2	Fürstenwalde	26	169	303	55,4	43,2	23,3
3	Schmalkalden	26	149	—	50,4	50,1	23,4
4	Lübben	26	171	—	64,3	53,5	19,6
5	Ludwigslust	27	203	302	64,4	43,8	23,8
6	Teltow/Mahlow	27	159	278	55,4	47,2	24,0
7	Sonneberg	27	174	—	56,9	50,2	27,3
8	Annaberg	28	141	—	—	41,0	20,2
9	Aue	28	160	—	50,8	51,0	25,0
10	Usedom	28	166	310	57,2	42,1	24,6
11	Calau/Senftenberg	29	157	270	61,7	47,2	23,9
12	Niederbarnim	29	172	331	62,7	43,0	23,6
13	Oelsnitz	29	157	—	39,8	41,4	22,9
14	Spremberg	29	156	264	44,2	35,8	22,2
15	Zauch-Belzig	29	159	272	62,2	49,8	24,0
16	Auerbach	30	161	—	—	48,7	25,7
17	Cottbus	30	173	260	54,8	53,5	23,6
18	Hildburghausen	30	160	—	56,9	49,6	21,7
19	Ruppin	30	183	299	50,9	43,3	26,0
20	Guben	31	164	292	64,9	48,3	22,8
21	Jüterbog/Luckenwalde	31	177	300	55,1	43,8	22,6
22	Niesky	31	158	243	49,0	46,5	23,1
23	Ostprignitz	31	198	319	63,8	46,5	26,0
24	Schleiz	31	164	—	45,5	41,3	22,3
25	Schweinitz	31	166	273	65,1	46,4	20,8
26	Templin	31	160	282	59,7	47,3	22,2
27	Liebenwerda	32	159	297	50,3	37,8	21,8
28	Luckau	32	166	310	63,2	51,8	23,2
29	Marienberg	32	175	—	58,5	50,2	24,4
30	Perleberg/Westprignitz	32	179	316	61,3	46,8	24,2
31	Saalfeld/Rudolstadt	32	165	286	64,8	54,2	25,5
32	Ueckermünde	32	155	303	56,8	46,1	24,6
33	Parchim	33	183	286	60,2	43,9	25,2
34	Meiningen	33	170	319	62,7	56,2	25,2
35	Osthavelland	33	179	294	75,1	56,6	32,3
36	Dippoldiswalde	34	174	—	54,5	47,7	24,3
37	Hagenow	34	177	287	55,8	41,0	21,4
38	Westhavelland/Rathenow	34	181	313	58,0	45,9	28,6
39	Gardelegen	35	196	304	60,3	53,6	31,8
40	Arnstadt	35	151	278	58,9	49,2	23,8

Übersicht 3 (Fortsetzung)

Lfd. Nr.	Kreis	Acker-zahl	Spät-kar-toffeln	Zucker-rüben	Luzerne	Klee u. Klee-gras	Gesamt-ernte in dz GE
41	Anklam	36	185	294	61,8	43,1	31,1
42	Eisenach	36	164	280	62,0	51,7	23,8
43	Freiberg	36	194	296	56,5	46,0	26,3
44	Lebus/Frankfurt	36	177	321	63,2	45,7	27,7
45	Oberbarnim	36	176	314	56,8	39,9	26,0
46	Plauen	36	164	—	46,6	40,2	24,2
47	Waren	36	186	271	60,9	44,9	25,7
48	Greifswald	37	189	302	61,5	44,4	31,5
49	Neubrandenburg/Neustr.	37	177	271	56,8	38,7	24,2
50	Angermünde	38	182	304	65,7	48,1	28,8
51	Jerichow II	38	172	296	61,4	48,9	25,9
52	Wittenberg	38	167	300	67,4	50,0	24,0
53	Zerbst	38	173	297	69,6	52,4	28,1
54	Greiz	39	192	300	53,7	48,2	27,0
55	Heiligenstadt/Worbis	39	163	283	59,8	48,1	24,1
56	Jena	39	180	273	66,9	55,2	30,3
57	Güstrow	40	186	275	55,5	41,5	25,8
58	Schwerin/Gadebusch	40	175	269	57,4	47,0	23,7
59	Chemnitz	41	175	256	53,1	50,5	25,8
60	Demmin	41	179	274	52,0	36,4	27,5
61	Flöha	41	189	342	55,8	46,9	26,1
62	Gera	41	187	268	68,9	58,9	30,1
63	Großenhain	41	177	304	57,1	47,0	26,7
64	Rostock	41	190	263	53,4	43,2	28,0
65	Zwickau, Werdau, Cr.	41	183	245	54,6	50,2	26,7
66	Kamenz	43	174	268	64,6	46,9	26,6
67	Prenzlau	43	196	304	63,7	45,1	33,9
68	Rügen	43	177	291	50,9	42,0	26,3
69	Salzwedel	43	203	319	62,2	48,0	34,0
70	Torgau	43	173	315	66,6	53,1	26,9
71	Wismar	43	184	287	60,4	39,8	26,4
72	Jerichow I	43	170	308	59,5	44,0	29,9
73	Malchin	44	205	281	58,2	41,2	30,2
74	Stralsund	44	187	287	66,2	43,8	29,4
75	Grimmen	45	206	283	58,1	42,1	30,1
76	Mühlhausen	45	177	262	56,7	45,0	23,9
77	Pirna	45	184	333	60,8	52,2	28,0
78	Bautzen	46	189	294	56,0	45,8	29,5
79	Löbau	46	198	289	64,8	52,1	30,7
80	Stendal	47	194	332	62,3	47,5	34,5
81	Glauchau	48	179	257	51,0	48,9	27,9
82	Delitzsch	49	172	293	63,4	43,6	32,5

Übersicht 3 (Fortsetzung)

Lfd. Nr.	Kreis	Ackerzahl	Spätkartoffeln	Zuckerrüben	Luzerne	Klee u. Kleegras	Gesamternte in dz GE
83	Nordhausen	49	178	312	66,2	54,1	28,0
84	Osterburg	49	191	319	64,6	49,1	31,5
85	Zittau	49	176	308	74,1	55,0	32,5
86	Dresden	50	174	334	55,4	51,4	30,3
87	Bitterfeld	51	178	271	66,2	50,6	32,8
88	Grevesmühlen	51	192	308	71,5	44,8	25,4
89	Grimma	53	197	294	55,8	48,2	31,4
90	Rochlitz	55	216	328	57,9	54,0	32,3
91	Gotha	56	163	275	57,6	50,2	26,6
92	Sondershausen	56	194	306	56,7	43,7	30,3
93	Altenburg	57	190	275	62,0	50,6	32,5
94	Weimar	57	173	292	65,6	53,0	31,7
95	Oschatz	59	213	321	70,7	56,9	35,8
96	Leipzig	60	225	281	68,9	49,1	34,8
97	Borna	62	197	299	62,2	53,6	34,3
98	Döbeln	62	229	343	72,1	56,4	37,0
99	Haldensleben	62	187	335	69,9	58,6	43,4
100	Zeitz	62	200	295	64,5	55,8	34,2
101	Meißen	63	205	316	61,8	48,6	36,0
102	Sangerhausen	64	179	302	57,9	51,3	31,6
103	Erfurt/Weißensee	65	178	302	59,8	53,5	33,5
104	Eckartsberga	65	174	294	66,2	52,4	34,1
105	Wolmirstedt	66	173	322	66,3	52,3	35,8
106	Langensalza	68	205	296	63,5	51,6	32,5
107	Mansfelder Gebirgskreis	69	162	265	57,6	46,3	30,7
108	Quedlinburg	74	179	291	62,8	48,3	36,3
109	Querfurt	75	188	311	58,0	48,2	39,7
110	Kalbe	77	180	295	61,1	44,4	39,5
111	Merseburg	77	181	301	61,0	49,3	38,5
112	Weißenfels	78	181	287	65,3	52,1	35,8
113	Saalkreis	78	178	281	61,9	49,4	37,6
114	Halberstadt	78	166	323	67,3	56,3	38,9
115	Mansfelder Seekreis	79	184	300	58,6	50,6	40,0
116	Bernburg	83	191	279	56,9	49,6	38,2
117	Oschersleben	84	186	317	62,5	53,0	41,8
118	Wanzleben	89	208	321	68,2	50,8	44,1

Übersicht 4

Ackerflächenanteil der Blattfrüchte und Intensitätszahlen des Ackerlandes Kreisdurchschnitte 1934

Lfd. Nr.	Kreis	Ackerzahl	Kartoffeln insges. %	Zuckerrüben %	Luzerne %	Klee u. Kleegras %	Intensitätszahl
1	Hoyerswerda	25	24,3	—	0,1	2,8	54,0
2	Fürstenwalde	26	22,6	0,5	0,8	0,8	50,9
3	Schmalkalden	26	31,3	—	1,0	3,9	57,3
4	Lübben	26	17,7	—	0,2	0,4	46,9
5	Ludwigslust	27	17,8	0,1	—	7,2	48,3
6	Teltow/Mahlow	27	23,5	0,2	0,4	0,8	56,6
7	Sonneberg	27	31,3	—	2,4	7,5	60,0
8	Annaberg	28	11,0	—	—	31,4	39,8
9	Aue	28	17,1	—	—	31,9	43,1
10	Usedom	28	16,3	0,8	0,3	3,5	48,8
11	Calau/Senftenberg	29	24,4	0,2	0,3	2,5	56,1
12	Niederbarnim	29	19,5	0,4	0,9	2,3	49,5
13	Oelsnitz	29	18,4	—	—	14,7	47,0
14	Spremberg	29	25,1	0,1	0,2	2,5	53,3
15	Zauch-Belzig	29	17,8	0,3	0,4	1,3	54,5
16	Auerbach	30	20,0	—	—	15,4	49,4
17	Cottbus	30	22,6	0,2	0,1	1,2	53,6
18	Hildburghausen	30	12,2	—	6,0	9,6	45,5
19	Ruppin	30	19,5	0,7	0,4	1,3	51,3
20	Guben	31	21,0	0,4	0,5	1,5	51,0
21	Jüterbog/Luckenwalde	31	18,2	0,1	1,0	2,7	47,5
22	Niesky	31	24,9	0,1	0,2	4,9	52,0
23	Ostprignitz	31	17,6	0,6	0,4	4,9	47,2
24	Schleiz	31	16,9	—	0,1	13,2	46,4
25	Schweinitz	31	16,0	0,3	0,5	2,3	46,3
26	Templin	31	14,7	0,5	1,1	5,1	45,2
27	Liebenwerda	32	18,7	1,4	1,6	2,7	50,3
28	Luckau	32	20,6	0,4	0,4	2,8	50,3
29	Marienberg	32	11,3	—	—	31,7	40,1
30	Perleberg/Westprign.	32	17,2	0,4	0,2	7,1	47,8
31	Saalfeld/Rudolstadt	32	20,9	—	3,2	9,0	50,3
32	Ueckermünde	32	28,4	1,1	0,2	1,1	55,9
33	Parchim	33	13,4	1,6	0,2	8,8	47,0
34	Meiningen	33	16,5	—	3,8	7,7	49,5
35	Osthavelland	33	18,9	2,5	0,5	1,2	62,5
36	Dippoldiswalde	34	11,3	—	0,1	22,2	41,6
37	Hagenow	34	12,5	0,2	—	6,7	43,6
38	Westhavelland/Rathenow	34	19,3	2,2	0,4	0,9	56,7
39	Gardelegen	35	23,9	4,4	0,9	1,9	61,6
40	Arnstadt	35	17,0	0,3	6,6	3,8	48,0

Übersicht 4 (Fortsetzung)

Lfd. Nr.	Kreis	Ackerzahl	Kartoffeln insges. °/o	Zuckerrüben °/o	Luzerne °/o	Klee u. Kleegras °/o	Intensitätszahl
41	Anklam	36	13,7	6,4	0,3	6,5	52,9
42	Eisenach	36	13,6	—	2,2	9,1	48,3
43	Freiberg	36	14,1	—	—	22,0	43,0
44	Lebus/Frankfurt	36	17,1	2,8	1,8	4,4	50,9
45	Oberbarnim	36	18,0	1,3	2,4	4,2	48,6
46	Plauen	36	15,3	—	0,1	14,4	45,0
47	Waren	36	12,8	1,5	0,4	7,1	45,2
48	Greifswald	37	11,3	5,1	0,4	7,4	50,2
49	Neubrandenburg/Neustr.	37	10,0	1,9	0,8	8,6	43,0
50	Angermünde	38	17,4	2,1	2,9	4,1	51,0
51	Jerichow II	38	17,3	1,8	0,4	1,3	50,8
52	Wittenberg	38	15,8	0,6	0,7	3,6	47,6
53	Zerbst	38	19,5	2,7	1,5	1,1	55,0
54	Greiz	39	15,6	—	0,5	11,5	48,0
55	Heiligenstadt/Worbis	39	14,7	0,2	2,1	6,4	46,7
56	Jena/Stadtroda	39	13,4	1,4	6,0	6,4	52,3
57	Güstrow	40	8,7	1,7	0,2	10,8	44,7
58	Schwerin/Gadebusch	40	11,3	0,6	0,2	8,5	43,2
59	Chemnitz	41	12,6	—	—	21,2	46,1
60	Demmin	41	8,7	3,4	0,3	10,8	45,6
61	Flöha	41	13,4	—	—	21,9	44,4
62	Gera	41	13,9	0,5	2,1	9,7	51,2
63	Großenhain	41	17,8	0,8	0,5	8,7	49,5
64	Rostock	41	9,3	2,8	0,1	11,1	47,7
65	Zwickau, Werdau, Cr.	41	14,0	—	0,2	15,5	47,8
66	Kamenz	43	17,7	—	0,2	11,8	49,1
67	Prenzlau	43	13,3	5,2	2,3	4,8	50,6
68	Rügen	43	5,4	2,2	0,3	11,0	40,7
69	Salzwedel	43	21,1	6,9	1,4	3,4	59,4
70	Torgau	43	15,3	1,9	1,4	4,4	49,2
71	Wismar	43	8,0	2,5	0,4	10,2	43,9
72	Jerichow I	43	17,6	6,2	3,2	1,2	55,0
73	Malchin	44	8,6	4,2	0,4	10,4	47,5
74	Stralsund	44	8,6	4,0	0,2	10,0	46,6
75	Grimmen	45	9,3	2,9	0,2	10,0	46,7
76	Mühlhausen	45	12,7	—	4,5	4,9	44,0
77	Pirna	45	13,8	0,1	0,3	14,5	47,0
78	Bautzen	46	17,6	0,7	0,3	11,9	50,0
79	Löbau	46	15,3	0,8	0,4	13,2	48,9
80	Stendal	47	14,4	6,9	2,4	3,1	58,6
81	Glauchau	48	12,9	—	0,1	14,4	48,2
82	Delitzsch	49	13,0	7,7	3,5	4,9	54,9

Übersicht 4 (Fortsetzung)

Lfd. Nr.	Kreis	Ackerzahl	Kartoffeln insges. %	Zuckerrüben %	Luzerne %	Klee u. Kleegras %	Intensitätszahl
83	Nordhausen	49	13,6	1,4	3,4	6,2	47,1
84	Osterburg	49	11,8	5,2	1,1	4,7	52,9
85	Zittau	49	12,3	0,6	0,4	12,9	51,1
86	Dresden	50	15,7	0,4	0,3	11,0	54,6
87	Bitterfeld	51	15,6	9,6	5,0	2,4	56,4
88	Grevesmühlen	51	4,9	0,8	0,2	11,4	37,7
89	Grimma	53	15,7	1,0	0,6	9,7	48,9
90	Rochlitz	55	12,1	0,1	0,1	15,5	48,6
91	Gotha	56	14,1	0,8	4,3	4,1	51,1
92	Sondershausen	56	10,0	3,7	6,3	3,1	48,7
93	Altenburg	57	10,7	1,7	1,8	9,2	48,7
94	Weimar	57	11,8	2,4	8,6	3,0	50,8
95	Oschatz	59	16,3	3,0	1,2	9,9	50,7
96	Leipzig	60	12,1	3,5	1,2	7,1	52,4
97	Borna	62	14,5	1,6	0,7	10,5	53,0
98	Döbeln	62	14,7	1,6	0,4	13,6	49,0
99	Haldensleben	62	14,8	13,1	2,7	1,7	61,1
100	Zeitz	62	11,8	4,2	2,8	6,3	52,0
101	Meißen	63	14,9	1,6	0,7	12,1	53,9
102	Sangerhausen	64	12,7	5,1	4,6	3,1	51,48
103	Erfurt/Weißensee	65	13,9	3,2	6,6	1,0	57,5
104	Eckartsberga	65	12,5	6,2	7,0	2,0	54,9
105	Wolmirstedt	66	18,0	7,1	3,8	0,6	61,9
106	Langensalza	68	14,5	0,7	4,8	1,5	53,1
107	Mansfelder Gebirgskreis	69	13,4	3,1	5,2	3,5	51,0
108	Quedlinburg/Ballenstedt	74	13,4	6,3	4,5	1,3	60,2
109	Querfurt	75	11,1	12,1	6,8	1,4	57,6
110	Kalbe	77	16,8	8,5	6,3	0,6	70,2
111	Merseburg	77	12,5	11,8	4,7	2,7	59,1
112	Weißenfels/Naumburg	78	12,5	7,0	6,0	2,6	55,1
113	Saalkreis	78	11,4	12,3	8,1	1,8	58,8
114	Halberstadt/Wernigerode	78	9,5	9,4	4,7	1,3	55,4
115	Mansfelder Seekreis	79	11,4	12,5	8,3	0,6	58,5
116	Bernburg	83	12,7	10,2	7,8	1,5	61,5
117	Oschersleben	84	11,2	13,0	3,3	0,3	61,3
118	Wanzleben	89	13,8	10,7	6,1	0,7	67,2